커피 스터디

THE STUDY OF
COFFEE

호리구치 토시히데 | 윤선해 옮김
堀口俊英

황소자리

머리말

1990년에 이 일을 시작하고 30년이 흘렀습니다. 새삼스럽게도 '참 오래 해왔구나' 생각이 들며 감회가 새롭습니다. 1997년 처음 커피 책을 낸 후 10권의 책을 집필(일부는 감수)했는데, 2010년 출간한 《커피 교과서》가 마지막 책입니다. 그 책은 커피를 깊게 공부하고 싶은 사람을 대상으로 했기 때문에, 추출에 대해서는 거의 다루지 않은 채 관능평가에 초점을 맞추어 썼습니다. 그로부터 10년이 지났지만 절판되지 않고 지금도 증쇄를 이어가며 꾸준히 판매되고 있습니다(한국어 번역 출판 2012).

2000년대의 첫 10년 동안에는 생산자와 파트너십을 구축해 우수한 생두를 조달하기 위해 빈번하게 산지를 방문했습니다. 커피 구입자로서 바게닝 파워 bargaining power(협상을 유리하게 끌어내는 힘)를 갖추기 위해 100개의 로스터리 숍의 개업을 지원하고, LCFLeading Coffee Family라는 생두를 공동으로 사용하는 그룹을 만들었습니다. 또한 매주 토요일과 일요일에는 추출과 커핑, 테이스팅 스터디 등 커피 관련 세미나를 연간 100회가량 개최했습니다. 이 10년은 쉼 없이 일하던 시기로, 다망多忙의 절정을 달렸습니다.

그러나 이후 '커피의 본래 풍미란 무엇일까?' '케냐의 이 향미는 어떻게 만들어지는가?'처럼 단순한 물음에 답하지 못하게 되면서, 스스로 한계에 봉착

하고 말았습니다. 새로운 책을 쓸 수가 없었고, 그렇게 10년간의 공백이 생겨 버렸습니다.

2010년대 초반 5년간은 회사 사장을 교체하는 등 사업 계승의 준비 기간으로 삼았습니다. 사장 자리에서 물러나면서 지금까지와는 다른 측면에서 커피를 고민해 보고 싶다는 생각이 들었습니다. 그리하여 2016년에 도쿄대학 농업대학원 환경공생학 박사후기 과정에 입학하고 2019년 3월에 박사학위를 취득했습니다. 대학에서는 식품영양과학과의 연구실(현재 국제식농과학과)에 있었습니다. 커피 연구를 하고 싶은 마음이 절실했지만 사실 어디서부터 손을 대야 할지 막막했습니다. 지도교수의 도움을 받아 기본성분을 분석하는 일부터 시작했습니다. 그 과정에서 연구 주제를 좁혀나갔습니다.

커피 생두의 품질평가는 SCASpecialty Coffee Association(스페셜티커피협회) 방식에 따른 ① 생두 결점수에 의한 평가, ② 관능평가가 있지만 이는 그저 생두 품질의 판단 기준에 불과합니다. 그 외 이과학적 수치에 따른 평가도 필요하다는 생각을 해왔던 터라 풍미에 영향을 미칠 것으로 추정되는 성분을 분석하기 시작했습니다. 학위 논문 제목은 〈스페셜티커피 품질기준을 구축하기 위한 이화학적 평가와 관능평가의 상관성에 관한 연구〉입니다.

커피는 재배환경부터 재배 방식, 정제, 건조, 선별, 포장재질, 컨테이너 종류, 보관방법 등 각 과정에 따라 영향을 받습니다. 아직도 모르는 것들이 많지만, 커피 향미의 윤곽이 겨우 보이기 시작한 것 같습니다. '배움을 통해 부족함을 안다'(도쿄농업대학 창립자 에노모토 다케아키)라는 말로 심경을 대신하고 싶습니다.

현재 커피업계는 추출기구의 다양화 및 추출방법 변화, 소형 로스터 보급과 로스팅 강도에 대한 여러 견해, 관능평가에 있어 평가 어휘 확대와 혼란 등 다양하고 새로운 국면과 마주하고 있습니다. 이렇듯 커피 산업이 변화하는 상황에서 커피를 다시 한번 고찰해 보고 싶다는 생각이 들었습니다. 더불어 제가 30년에 걸쳐 알게 된 것의 일부를, 주로 추출이라는 관점에서 돌아보자는 마음에서 이 책을 집필하기에 이르렀습니다.

　　탐구 과정이 아직 끝나지 않아 부족한 면이 있겠지만 양해하시기 바랍니다. 이 책 일독을 통해 아주 작은 도움이라도 되었으면 고맙겠습니다.

호리구치 토시히데

옮긴이의 말

2020년 1월 초, 도쿄 세타가야의 호리구치커피연구소에서 간만에 시작된 호리구치 테이스팅 세미나에 참여했다. 박사 논문을 마친 후 새로운 방식의 세미나를 시작한다는 연락을 받았기 때문이다.

호리구치 선생님께서 2016년도에 도쿄대학 농대 박사과정에 입학하신다는 말씀을 듣고는, '정말 대단하시다'고 감탄했었다. 20대 젊은이들 사이에서 노년의 새내기는 결국 3년 만에 박사학위를 받아 내셨다. 그 과정을 가까이서 지켜본 나로서는 그저 경외의 마음뿐이었다.

40대에 커피를 시작한 늦깎이 커피인으로, 기존의 커피 대가들 사이에서 스페셜티커피를 알리고 강조하는 과정에 의견의 부딪힘도 많았다고 들었다. 커피를 말할 때 생소하기만 했던 '과일의 산미'를 강조하거나, 신선식품으로서의 커피 품질에 대한 이해가 없었던 당시에는 '이상한 사람'으로 찍혀 불편해하는 시선도 많았노라고 하셨다.

그러나 옳은 것은 상식이 된다는 진리를 내 눈으로 확인하고 있는 최근에는, 그분의 커피 애정의 방향에는 선견성이 있음을 잘 알고 있다. 그래서 늘 호기심과 탐구심을 불사르는 70대 중반의 선생님을 가까이 둔 사람으로서 뿌듯하기까지 하다.

이제 25년 정도 되어가는 선생님과의 커피 인연. 그분의 연구 결과를 그저 옆에서 단물만 핥는 사람이 되지 않으려 열심히 따라가지만 매일 아침 테이스팅을 거르지 않는 것을 포함하여, 끊임없이 진화하는 선생님에게 가까워지기란 원숭이가 사람되는 것만큼이나 어렵다.

《커피 스터디》는 일본에서 10번째로 출간된 선생님의 책, 《커피 교과서》 이후 10년 만에 나온 책이라고 한다. 10년 동안 일본 내 단행본 출판은 없었지만, 2011년부터 2014년까지 매년 6회 이상 한국을 오가며 총 60회에 걸쳐 커핑 세미나를 여는 등 타이트한 일정을 소화하셨다. 또 2015년에는 《스페셜티 커피 테이스팅》이라는 책을 한국에서 출판해 세미나 참가자 및 커핑 스킬이 필요한 커피인들에게 꼭 필요한 정보를 남겨 주시는 등 쉼 없이 시간을 할애하셨다.

한국 음식과 스타일을 애정하고 한국인의 에너지 넘치는 모습을 좋아하시는 선생님과 새 책 출간에 맞춰 한국에서 테이스팅 세미나를 개최하기로 약속했었다. 하지만 일년 넘게 지속되는 코로나 19 상황으로 인해 아쉬움을 무릅쓰고 책만 먼저 세상에 내놓기로 했다.

그렇더라도 '호기심 천국 커피인' 호리구치 선생님께서 학습을 멈추지 않는 한, 그가 바라보는 커피 세계를 바로 곁에서 육성으로 배울 수 있는 시간은 꼭 올 것이라고 믿는다. 나아가 커피 세미나를 마치면 정해진 코스처럼 향하던 백년삼계탕과 카카오봄 젤라또를 함께 먹으러 가고 싶다.

모르면 별것도 아닌 커피, 그러나 한 발 두 발 다가서면 너무나 다양하고 깊은 세계. 알고 싶은 것, 해보고 싶은 것, 해도 모르겠는 것들 천지인 커피를 알게 되어 행운이라고 생각한다. 더불어 이 책을 읽고 번역하면서 궁금해진 것이 더 늘고 할 것도 더 많아진 나는, 앞으로도 매우 바쁠 것 같다.

나와 같은 설렘과 기쁨을 이 책을 읽는 커피인들도 함께 느낄 수 있다면 더할 나위 없이 행복할 것 같다.

소년 같은 열정과 호기심으로 망설임 없이 자신의 길을 내달리는 호리구치 선생님께 존경과 감사를 전한다. 커피 책만 벌써 5권을 출판해 주신 황소자리 지평님 대표님의 커피 사랑에도 크나큰 감사를 전한다.

2021년 6월, 코로나 종식을 기원하며⋯,

윤선해

생두의 품질이 맛있는 향미를 만든다는 것에 대해

2000년 이후 커피 소비국들은 추출과 로스팅 외에 생두 품질에 눈을 돌리기 시작했다. 그러면서 수많은 자가배전점(소형 로스터리숍, 미국에서는 마이크로 로스터)이 생기고 에스프레소 머신으로 추출하거나 새로운 스타일을 추구하는 커피숍들이 등장했다.

한편 생산국에서는 생산자 및 일부 추출회사들이 소비국의 바이어(구매자)와 협력해 생두 품질 향상을 도모한 결과, 우수한 생두를 더 많이 생산하기에 이르렀다. 결점두 혼입이 적고 생산지의 향미 특징을 살린 커피는 스페셜티커피Specialty Coffee(이하 SP)라고 불리며, 범용품[1]인 커머셜커피Commercial Coffee(이하 CO)와 구분해(11쪽 표 참고) 유통되기 시작했다.

그리고 2010년 이후 스페셜티커피 시장은 한층 성숙해, 게이샤 품종[2]이나 파카마라 품종[3], 케냐의 팩토리(수세가공장, 인근의 소농가[4]가 체리[5]를 직접 따오는 것들) 생산품, 에티오피아 예가체프 지역의 스테이션(수세가공장) 생산품, 수마트라섬 북부산 만델린, 코스타리카 마이크로 밀(수세가공장을 가진 소농가) 생산품, 콜롬비아 남부현(나리뇨현, 우일라현 등) 생산품 등 특징적인 향미를 지닌 커피를 매우 손쉽게 마실 수 있게 되었다.

반면 원두 생산에 영향을 미치는 기후변화, 녹병[6]에 의한 수확량 감소, 브라질의 증산에 따른 선물가격 변화, 아시아권[7]에서의 소비 확대, 할인시장 확대 등도 커피 산업에 큰 영향을 미치는 요소들이다.

---

1 **범용품** 코모디티 커피(Commodity Coffee), 메인스트림 커피(Mainstream Coffee) 등 다양한 표현법이 있지만, 이 책에서는 커머셜커피라는 용어를 사용한다.
2 **게이샤 품종** 2004년 베스트 오브 파나마에서 우승한 콩으로, 과일 같은 향미가 뛰어나 세계에 충격을 주었다.
3 **파카마라 품종** 엘살바도르 국립 커피연구소에서 개발한 품종.
4 **소농가** 2ha 정도의 경작면적에서 커피를 재배하는 영세 농가를 말한다. 세계 생산자의 80%가 이에 속하며, 시장의 불황은 이들에게 생사를 가르는 문제가 된다.
5 **체리** 커피나무의 열매로 이 책에서는 이 단어를 사용하고 있음

스페셜티커피와 커머셜커피의 차이

스페셜티커피		커머셜커피
토양, 고도 등 재배환경이 좋음	재배지	고도가 낮은 생산지가 많음
SCA[8] 규격, 생산국의 수출규격	규격	각 생산국의 수출규격
생산이력[9] 파악 가능	생산이력	생산이력이 애매한 것이 많음
정제, 건조공정 작업이 철저히 관리됨	정제	관리되지 않는 사례가 많음
결점두[10]가 적음	품질	결점두가 비교적 많음
수세가공장, 농원 단위의 작은 루트	생산 루트	광역, 여러 지역 생산물이 섞임
생산지역 향미와 개성이 있음	향미	평균적인 향미로 개성이 약함
독자적 가격 형성	생산가격	선물시장[11]과 연동
80점 이상	SCA 평가	79점 이하
에티오피아 예가체프 G1	유통명 사례	에티오피아

소농가와 농원의 규모

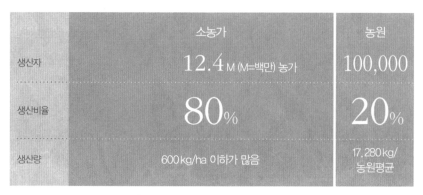

	소농가	농원
생산자	12.4 M (M=백만) 농가	100,000
생산비율	80%	20%
생산량	600 kg/ha 이하가 많음	17,280 kg/ 농원평균

ASIC(Association for the Science and Information on Coffee) Conference/2016/원난

6 **녹병(coffee leaf rust)** 커피나무의 전염병으로 커피 잎에 녹처럼 반점이 생기고 잎이 떨어지며, 나무 전체를 말라 버리게 한다. 커피 역사는 녹병과의 투쟁 역사라고 해도 좋을 정도이며, 2010년 전후의 콜롬비아는 생산량이 30% 감소해 거래가격의 급등을 초래했으나, 그 후 카스틸료 품종(콜롬비아에서 녹병 대책으로 개발된 품종)의 개발로 회복했다. 그 외 중미, 카리브해 제국이 녹병 위협을 받고 있다.

7 **아시아권** 필리핀, 태국, 중국, 베트남, 인도네시아 등 생산국의 소비가 늘고 있음. 또 한국, 대만 등의 소비도 급증하는 추세다. ICO(International Coffee Organization) www.ico.org

8 **SCA** SCAA(미국스페셜티커피협회)는 1982년 미국에서 SP 계몽과 보급 및 시장 활성화를 위해 발족된 조직으로, 연 1회 전시회를 개최한다. 2017년 SCAE(유럽스페셜티커피협회)와 통합돼, SCA(스페셜티커피협회)가 되었다. 생두의 그레이딩, 커핑규약 등은 SCAA 시대에 탄생했다. https://sca.coffee/ 한편 SCAJ(일본스페셜티커피협회)는 2003년에 일본에서의 SP 계몽 및 확대를 위해 발족됐다. SP는 2019년 시장조사 결과 약 10% 정도 유통량을 기록했다.

9 **생산이력** 트레이서빌리티(traceability)는 식품의 안전을 확보하기 위해 재배에서 가공, 유통 등의 과정을 명확하게 하는 것. 커피의 경우 생산국, 생산지역, 농원주, 재배와 정제방법, 포장재, 수송방법, 입항일(통관일), 보관방법 등의 이력을 말한다.

10 **결점두** 발효두, 벌레먹은 콩, 쪼개진 콩, 미숙두 등을 가리킨다.

11 **선물시장** 미래 정해진 기간에 상품을 받기로 약속하고, 그 가격을 현시점에서 결정하는 거래방법으로 아라비카종은 NY거래소의 영향을 받는다. 카네포라종은 런던거래소. 아라비카종의 경우 브라질 생산량의 감소에 따라 가격 변동이 일어나기 쉽다.

커피는 불안정한 농산물

| 1 | 2000년 이후 커피 향미는 '추출과 로스팅'뿐만 아니라 재배환경, 품종, 정제 및 건조방법, 선별, 포장재질, 수송 콘테이너, 보관방법 등에서도 영향을 받는다는 개념이 확산되면서 생두 품질에 눈을 돌리기 시작했다.

| 2 | 아라비카종은 장래 브라질의 생산량 감소 및 거래 가격(선물시장 가격) 변동, 녹병, 기후변화 등 생산을 저해하는 요인들이 많아 적잖은 우려를 낳고 있다.

한편 아시아권을 중심으로 소비가 활발해지고 있어 가까운 미래에 수요가 공급을 초과할 것으로 전망된다. 지금까지는 브라질이 생산량을 늘리면서 생산량이 소비량을 초과하지만 온난화 대책을 세우지 않을 경우 50년 후 커피 생산량이 대폭 감소할 것이라고 WCR[12]은 경고하고 나섰다. 이에 따라 새로운 품종개량이 추진되고 있다.

| 3 | 베트남의 카네포라종, 브라질 코니론(카네포라종) 등은 생산량이 증가하는 추세다. 전체 생두 수확량의 40% 정도를 차지하지만, 저가 커피시장을 형성하면서 향미 저하 경향에 일조하는 상황이다.

브라질을 제외한 커피 생산자의 대부분은 소농가이며, 증산에 따른 거래

---

12 WCR World Coffee Research의 약칭으로 기후변화로 인해 2050년에는 아라비카종의 생산량이 대폭 감소할 것이라고 예측했다(아라비카종은 평균기온 25℃ 이상에서는 체리가 생육되지 않고, 병충해도 증가한다). 브라질에서는 36.6% 생산량이 감소할 것으로 예상되며 다른 중미 국가들은 부동산 가격 상승에 따라 생산지역이 택지화할 것으로 내다봤다. 또한 아라비카종의 내병성이 약화하고 경작지가 점점 고지화되는 상황에서 SP 생산량을 증가할 필요가 있다. 기후변화 대책으로 새로운 하이브리드 품종을 개발해 현재 세계 각지 농원에서 시험재배를 시작, 품종과 생산지 적합성을 검증하고 있다. Worldcoffeeresearch.org

감소는 농가 수입을 위태롭게 한다. 때문에 커피산업은 그 자체로 위험한 구조라고 볼 수 있다. 콜롬비아 생산자의 평균 경작면적은 1.4ha이며, 1ha당 평균수확량은 730kg 정도에 불과하다. 에티오피아, 케냐, 르완다, 파푸아뉴기니(PNG) 등의 소농가에서는 1ha당 400kg 이하로, 수확량이 더욱 적다.

| 4 | 따라서 생산자의 수입을 높여줄 고품질·고부가가치 SP 생두가 범용품인 CO와 공존하는 시장이 필요하다. 그러기 위해서라도 '커피의 맛있음이란 무엇인가?'에 대해 배우는 것이 중요하다.

한잔의 커피에는 커피숍, 로스터(로스팅 회사), 수입회사, 수출회사, 농원, 농협, 소농가 등 많은 이들의 노고가 스며들어 있다. 이처럼 글로벌한 산업을 유지하는 것에 대해서도 깊이 고민할 필요가 있다.

녹병

소농가

아라비카종과 카네포라종의 차이

아라비카종	종	카네포라종
Coffea arabica	종	Coffea canephora
에티오피아	원산지	중앙아프리카
800~2,000m	고도	500~1,000m
우기와 건기에 의한 적절한 습윤과 건조	기후조건	고온, 다습한 환경에서 생육
티피카종 등 재래품종은 적음	수확량	거친 환경도 견디며 수확량 많음
녹병에 약함	내병성	녹병에 내성 있음
자가수분[13]	수분	자가불수분
1990년 70% 2019년 60% 전후	생산비율	1990년 30% 2019년 40% 전후
브라질, 콜롬비아, 중미국가들, 에티오피아, 케냐 등	생산국	베트남, 인도네시아, 브라질, 우간다 등
5.0 전후, 강한 것은 4.7 정도 (중배전)	pH[14]	5.4 정도로 산은 약함(중배전)
좋은 것은 산이 화사하며 바디가 있음.	풍미[15]	산이 없고, 쓰며 진흙 같은 텁텁함
SP는 독자거래 가격	생두 가격	런던거래소에 연동

13 **자가수분** 같은 나무에 피는 꽃끼리 수분되어 다음 세대 종자가 형성되는 성질. 자가불수분은 다른 나무의 꽃가루로 수분되어 다음 세대 종자가 형성되는 성질. 아라비카종은 바람과 꿀벌에 의해 자가수분되기 때문에 한 그루의 나무로 증식 가능하다.

14 **pH(피에이치)** 수소이온 농도로 산성, 알칼리성의 정도를 나타낸다. 어느 정도까지 산도의 지표가 된다. 아라비카종의 pH는 5.0 전후(중배전의 경우)로 카네포라종의 pH 5.4보다 낮으며 산미도 느껴진다.

15 **풍미** 이 책에서는 향+5가지 맛+텍스처(바디)를 합해 풍미라고 한다.

커피의 맛은 4가지로 구분된다

|1| 커피재배종은 아라비카Coffea Arabica와 카네포라Coffea canephora(별칭 로부스타종Robusta)로 구분되며, 베트남 카네포라종의 생산량이 증가하는 추세다.

아라비카종은 산미가 있어서 고급품에서 저급품까지 품질의 차이가 큰 품종으로, 주로 레귤러커피[16]에 사용된다. 카네포라종은 강한 쓴맛을 내며 가격도 저렴하다. 주로 공장생산 제품(캔커피 등)이나 인스턴트 커피 등에 사용된다.

|2| 브라질(23쪽 도표)은 전 세계 커피 생산량의 35% 전후(그 중 30% 전후가 코니론이라 불리는 카네포라종으로 주로 국내 소비)를 차지하며, 압도적인 세계 1위를 자랑한다. 수출품은 아라비카종으로, 정제방법은 주로 건식(내추럴: 과육째 천일건조한 후 탈각하는 정제법)이다. 또 브라질의 풍토로 인한 풍미의 질 그 자체가 다른 생산국과 미묘한 차이를 만들어낸다.

|3| 일본에서 유통되는 커피를 재배종의 관점에서 구분해 보면(23쪽 도표), 아라비카SP+아라비카CO 37%, 브라질 28%, 카네포라 35%로 대략 1:1:1의 구성비를 이룬다. 각각의 커피는 단독 또는 블렌딩으로 유통되기 때문에 그 차이를 명확히 파악하기는 어렵다.

---

16 **레귤러커피** '주로 커피나무의 열매를 정제하여 커피생두를 로스팅한 것을 말하며, 인스턴트 커피와 구분되어 사용된다' 전일본커피 공정거래협의회. 일반적으로는, 레귤러커피(커피숍등에서 사용하는 업무용, 가정용)와 인스턴트 커피, 공장생산용(캔커피 등)의 3가지로 구분하면 이해하기 좋을 것 같다.

일본 커피 유통량 비율(추정)

일본에서 유통되는 커피를 향미
차이로 구분해보면 아라비카 SP,
아라비카 CO, 브라질산, 카네포라
등 4종으로 구분된다.
브라질의 일부가 SP로, 대부분은
CO로 구분된다.

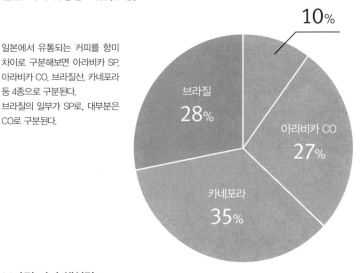

아라비카 SP
10%

브라질
28%

아라비카 CO
27%

카네포라
35%

브라질 커피 생산량

Total production by Brazil
ICO(International Coffee Organization : 국제커피기구)
http://www.ico.org/

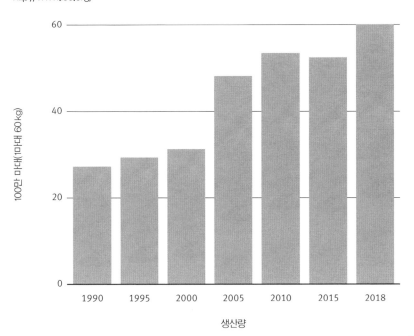

생산량

일본에 유통되는 커피의 주요 품종과 풍미

(아라비카, 카네포라, 브라질)

아라비카 고품질 (SP)

향미 적도 부근 고도가 높은 곳에서 주로 생산되며, 산뜻한 산미와 강한 바디감이 균형을 이룬다. 감귤계 과일 산미와 화사함은 산지의 특징적 풍미다.

생산국 중미 국가들, 콜롬비아, 케냐, 르완다 등 여러 생산국

아라비카종 범용품 (CO)

향미 산미와 바디감이 약하고, 풍미의 개성 역시 약하다. 블라인드 테이스팅으로 인해 생산국을 특정하기가 어렵다.

생산국 중미 국가들, 콜롬비아, 탄자니아, 에티오피아 등 여러 나라.

브라질 아라비카

향미 아라비카종 중 산미가 약한 편이지만 바디감은 있다. 주로 건식이라 습식보다 결점두 혼입이 많다. 건식 외에 펄프드내추럴, 세미워시드 정제법을 쓰기도 한다.

생산국 브라질

카네포라

향미 인스턴트커피, 캔커피에 주로 사용된다. 저가품으로, 아라비카종과 블렌딩해 판매된다. 산미가 없고, 강한 쓴맛, 탄 보리차 같다는 평가를 받는다.

생산국 베트남, 르완다, 인도네시아 등

재배환경과 커피 향미

| 1 | 커피는 열대[17] 지역에서 재배되는 꼭두서니과 피자식물로, 직사광선에 약하고 그늘[18]에서 잘 자란다. 아라비카종은 적도 부근 산지에서는 고도 800~2000m에서 재배되며, 평균기온은 22℃, 강우량은 1500mm 전후가 적합하다.

| 2 | 아라비카종은 재배환경(고도, 토양, 재배지의 사면), 기후조건(기온, 습도, 낮밤의 일교차)이 풍미에 절대적인 영향을 준다. 특히 기온이 매우 중요하며, 고도에 의한 낮밤의 적절한 일교차(한난차)는 호흡작용[19]을 완화해 산미와 바디 형성에 영향을 준다고 한다.

| 3 | 위도가 높아지면 선선해지므로, 고도가 낮은 지역이 재배에 적합하다. 가령 북위 20도 선인 하와이 코나의 경우 고도 600m가 재배에 적합하며, 적도 부근인 콜롬비아의 나리뇨현과 월라현에서는 고도 1600~2000m에서 재배가 가능하다.

화산의 경사면.

화산재 토양
(부엽토)

묘상

식수 (2m 간격)

셰이드트리 (그늘나무)

멀칭

17 열대 위도에 의한 정의로는 적도를 중심으로 북회귀선(북위 23도 26분 22초)와 남회귀선(남위 23도 26분 22초) 사이의 벨트상 지역.

18 그늘 아라비카종은 고온다습, 직사광선을 싫어한다. 기온이 30℃일 때, 잎의 온도는 40℃까지 상승하여 광합성 양이 현저하게 저하된다. 그때문에 기온이 높은 산지에서는 직사광선을 피하기 위해 키가 큰 나무로 그늘을 만들 수 있는 셰이드트리를 심어 그 아래에서 커피 재배를 한

다. 브라질 일부 지역과 하와이 코나 등은 오후가 되면 구름으로 흐려질 때가 많아서, 셰이드트리가 필요없다. 《커피 생산의 과학》 야마구치, 식품공업, 2000

19 호흡 호흡은, 식물이 산소를 흡수하여 이산화탄소를 내뱉는 것인데, 낮밤 쉼없이 일어나고 있다. 온도가 높아지면 호흡은 활성화되지만, 저온이 되면 천천히 이루어진다.

커피 향미는 품종에 따라 다르다

| 1 | 크게 두 계통으로 나뉘는 아라비카는 현재 다양한 재배종(29쪽 표)이 전 세계에 유통되고 있다. 예멘에서 자바 섬을 경유해 네덜란드 식물원으로 옮겨진 후 파리식물원에서 카리브 해의 마르티니크 섬을 거쳐 카리브 여러 다른 섬과 중미, 남미로 전해진 것이 티피카종이다. 예멘에서 부르봉 섬(현 레위니옹 섬)을 경유해 동아프리카, 브라질 등으로 전해진 것이 부르봉종이다. 이두 계통의 돌연변이와 교배종들에서 많은 재배종이 생겨났다. 이들과 별개로 오래된 에티오피아 및 예멘의 재래 품종들이 있다.

| 2 | 커피의 경우, 녹병 등에 대항해 생산의 지속성이 중시된 측면이 강하다. 그 영향으로 카네포라종과 카티모르종[20] 생산이 증가했다. 하지만 2000년 이후 SP가 널린 퍼지면서 향미(28쪽 도표)가 우수한 아라비카종이 각광받기 시작했다.

| 3 | 아라비카와 카네포라는 유전적 거리가 멀고, 향미에서도 큰 차이가 난다. 그러나 아라비카의 경우 재배종 간 유전적 차이가 작은 덕에 향미의 차이도 크지 않은 편이다. 다만 급속한 기후변화로 인해 커피 생산 자체가 크나큰 위협을 받고 있다. 게다가 아라비카는 내병성도 약해서 절멸의 위기까지 거론되는 실정이다.

---

20 **카티모르종** 티모르에서 아라비카와 카네포라의 자연교배를 통해 하이브리드 티모르종이 만들어졌다. 시음해본 결과, 아라비카종에 가까운 향미의 특징이 있다고 느꼈다. 이 품종과 카투라종의 교배로 만들어진 것이 바로 녹병에 강한 카티모르종이다.

|4| 품종의 루트와 특징에 관해서는 현지의 나무 형태만으로 파악하기 어려운 경우가 많다. 때문에 유전자 해석이 진행되고 있다. 품종을 명확히 알 수 없는 탓에 대략적으로 구분하는 현시점에서는 WCR[21] 등의 연구를 참고하는 것도 좋을 것 같다.

품종에 따른 향미의 차이

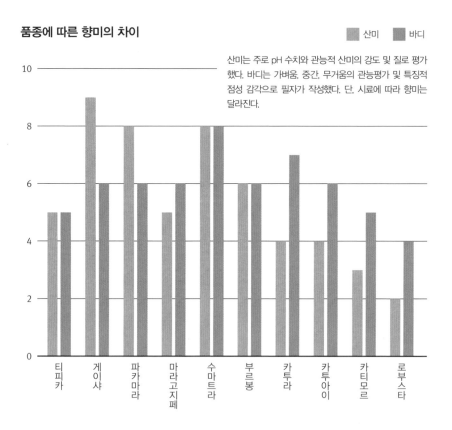

산미는 주로 pH 수치와 관능적 산미의 강도 및 질로 평가했다. 바디는 가벼움, 중간, 무거움의 관능평가 및 특징적 점성 감각으로 필자가 작성했다. 단, 시료에 따라 향미는 달라진다.

21 WCR https://varieties.worldcoffeeresearch.org/

주요 재배종의 특징적 향미

아라비카와 카네포라는 식물 분류상 종(Species)이 된다. 현재 유통되는 티피카종 등은 아종(sub Species)으로 불리기도 하지만, 이 책에서는 재배종으로 구분하고 있다.

계통	재배종	향미 특징
재래종	에티오피아계	아라비카종 기원. 화사한 꽃 향과 과일 같은 향미.
	예멘계	에티오피아에서 예멘에 전해진(예멘 고유의 품종도 있다고 함). 화사한 향과 초콜릿 같은 바디.
	게이샤	에티오피아 유래 품종. 레몬, 파인애플 같은 과일의 향미가 강함.
재래종계	티피카	감귤계 과일의 산뜻한 산미와 실키한 감촉.
	부르봉	감귤계 과일의 강한 산미와 바디의 밸런스가 좋음.
	SL	강한 산미 가운데 화사한 과일 맛과 단맛이 남. 부르봉종의 선발종.
	문도노보	티피카와 부르봉의 자연교배종. 브라질에 많음.
돌연변이	카투라	산지에 따라 향미 차가 크지만, 좋은 것은 부르봉에 가깝다.
	마라고지페	알이 굵고, 티피카종에 가깝지만 약간 밋밋한 경향이 있음.
교배종	파카마라	부르봉의 돌연변이인 파카스와 티피카의 돌연변이인 마라고지페의 교배종. 실키한 감촉의 유형과 화사한 과일감 유형이 있음.
	카투아이	카투라와 문도노보 간 교배종. 고도가 높은 산지에서 향미가 좋은 것들을 볼 수 있음.
카티모르종계 교배종	카티모르	티모르 하이브리드와 카투라의 교배종. 산미가 약하고, 맛이 텁텁하며, 여운은 혼탁한 느낌이 있다.
	카스틸료	콜롬비아에서 녹병 대책으로 개발된 품종. 재배지역과 잘 맞는 것은 산미와 바디가 명확함.

티피카

부르봉

카투라

카투아이

에티오피아 재래종

예멘 재래종

커피 향미는 정제방법에 영향을 받는다

| 1 | 정제란 커피체리[22](과일, 32쪽 그림)에서 생두를 추출하기까지 거치는 공정을 말한다. 생두로 만든다는 것은, 체리와 파치먼트를 건조해 수분[23]을 뺀 뒤 안정적인 수송과 로스팅에 적합한 상태로 가공하는 일이다. 정제법은 크게 건식Natural과 습식Washed으로 나뉜다.

| 2 | 습식 정제는 에티오피아, 르완다, 케냐 등의 농원과 소농가에서 주로 사용한다. 완숙한 체리를 수확한 농가는 가공장[24]으로 가져온다. 콜롬비아의 소농가들은 소형 과육제거기(펄퍼)로 과육을 벗겨내고 수조에 담가 파치먼트에 붙은 뮤실리지Mucilage(점성이 있는 당질의 점액질)를 자연발효시킨 뒤 벗겨내 물로 씻어 천일건조한다. 그 후 드라이밀(파치먼트 탈각 및 선별공장)로 운반해 탈각 및 선별[25] 작업을 거친다. 건식에 비해 결점두 혼입이 적고 산미와

22 **체리** 커피 열매는 체리라고 불리는데, 앵두에 비하면 과육 부분이 얇고, 단맛도 약해서 식용으로는 적합하지 않다. 열매의 구조는 가장 바깥쪽이 외피(Skin), 이에 감싸인 과육(pulp)과 그 안쪽에 내과피(Parchment)라고 하는, 섬유질이 두꺼운 껍질이 있다. 여기에 고무 상태의 당질 점액질(mucilage)이 부착되어 있다. 커피 종자(배유와 배아)는 맨 안쪽에 위치한다. 배유에는 종자가 발아하고 성장하기 위해 필요한 탄수화물과 단백질, 지질 등이 함유되어 있다. 체리는 녹색에서 서서히 빨갛게 완숙되어 가지만, 노랗게 익어가는 부르봉종 등도 있다. 완숙도는 외관으로 판단하되, 최근에는 Brix를 참고해서 수확하는 사례도 나타난다.

23 **수분치** 체리(과일) 65%, 웨트파치먼트(과육제거후) 55%, 드라이체리(건조 후) 12%, 드라이 파치먼트(건조 후) 12%, 생두 12% 전후이다. 중

량은 100kg 체리의 경우, 웨트파치먼트 45kg, 드라이파치먼트 23.3kg, 생두 19kg이다. 즉 수확한 체리에서 생두로 완성되는 양은 5분의 1이다. 《Coffee:Growing, Processing, Sustainable Production》 Jean Nicolas Wintgens, Wiley VCH, 2012, p4, p613

24 **가공장** 에티오피아, 르완다 등은 스테이션(station), 케냐는 팩토리(factory) 라고 부르며, 건식은 천일건조, 습식은 과육 제거와 천일건조 작업을 한다. 습식의 경우 웨트밀(Wet Mill)이라고 불리기도 한다. 드라이밀(Dry Mill)은 파치먼트 탈각, 생두 선별, 계량, 포장까지 이루어진다.

25 **선별** 콩알의 크기로 구분되는 스크린 선별기, 가벼운 것을 제거하는 비중 선별기, 결점두를 제거하는 전기 선별기 등이 있으며, 그 후 손으로 선별(핸드피크)하는 경우도 있다.

깨끗한 향미가 있다.

| **3** | 건식은 브라질, 에티오피아, 예멘 등에서 주로 사용한다. 2010년경부터 중미 국가들도 종종 이 방법을 쓴다. 체리를 수확해 그대로 건조장이나 건조대에서 천일건조한다. 브라질처럼 대량생산하는 곳에서는 천일건조 외에 드라이어(대형 건조기)를 사용하는 사례도 많다.

건조공정이 잘 진행되면 바디감이 좋고 지역 특성을 살린 향미를 얻게 되지만, 그렇지 않을 경우 발효취나 이취만 가득해진다.

| **4** | 세미워시드와 펄프드내추럴은 주로 브라질에서 사용한다. 체리를 수조에 넣어 수면에 뜨는 과완숙 열매나 혼합물을 제거하고, 가라앉는 미숙두와 완숙두를 과육제거기(완숙두와 미숙두도 선별한다)에 넣어 파치먼트 상태로 만든다. 그 다음 파치먼트에 부착된 뮤실리지를 기계로 제거해 건조하는 방식이 세미워시드(SW)[26], 뮤실리지가 붙은 채로 건조하는 방법이 펄프드내추럴(PN)[27]이다. SW는 습식에 가까운 향미, PN은 건식에 가까운 향미가 된다. PN은 코스타리카에서 주로 사용되는데, 허니프로세스라고도 불린다.

| **5** | 수마트라 섬의 만델린은, 특수한 정제법으로 만들어진다. 과육을 제거한 후 파치먼트를 반나절 정도 건조시키고 나서 파치먼트를 탈각해 생두 상태로 천일건조한다. 비가 많이 내리고, 건조장이 없기 때문에 재빨리 건조시키는 방법으로 고안됐다. 이 방법이 독특한 향미를 만들어낸다.

---

26 SW, PN의 뮤실리지 제거율은 생산자에 따라 상이하다.
27 PN 코스타리카 등지에서 허니프로세스(Honey Process)라고도 불리며, 뮤실리지의 제거율에 따라 Yellow Honey, Red Honey, Black Honey 등으로 구분되어 불리는 경우도 있다. Http://www.exclusivecoffeecr.com/index. html

커피체리

a 열매
b 외피 (skin)
c 과육 (pulp)
d 내과피 (parchment)

e 은피 (silverskin)
f 종자 (bean)
g 배아 (embryo)

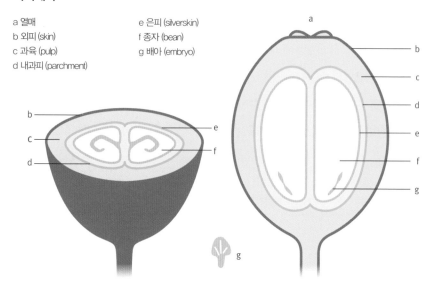

케냐 습식 과육제거기 필터

에티오피아 건식 건조

케냐 습식 건조

엘살바도르 습식 건조

수마트라 핸드피크

도미니카 핸드피크

주요 정제방법과 수분치의 차이

	Washed(습식)	Semi Washed	Pulped Natural	Natural(건식)
과육제거	○	○	○	×
과일의 수분치	65%	65%	65%	65%
점액질 제거	수조에서 발효시켜 100% 제거	기계로 점액질을 제거	점액질을 남김	×
건조상태	Wet 파치먼트	Wet 파치먼트	Wet 파치먼트	체리
과육제거 후 수분치	55%	55%	55%	
건조 후	Dry 파치먼트	Dry 파치먼트	Dry 파치먼트	Dry 체리
건조 후 수분치	12%	12%	12%	12%
출하 후 수분치	11~12%	11~12%	11~12%	10~12%

파치먼트 커피

생두 (그린빈)

커피 향미는 생두의 결점 수에 영향을 받는다

| 1 | 고품질 커피는 결점두 수(37쪽 사진)가 적기 때문에 잡미나 떫은맛이 적고 추출액이 깨끗하며, 생산지의 특징을 알기가 쉽다.

SCA의 그린 그레이딩 (35쪽 표)은 결점두의 수로 SP와 CO를 구분하고 있다. 예를 들어 경도의 벌레먹은 콩 5개를 1결점으로 친다. 미성숙두는 떫은맛을 동반하고, 깨진 콩과 벌레먹은 콩은 추출액을 혼탁하게 만들며 잡미가 나게 한다.

한편 향미에 절대적인 영향을 미치는 흑두와 발효두는, 단 한 톨만 들어가도 SP 그레이드 대상 외 제품이 된다. 이번 시료(36쪽 표)에서는 콜롬비아산, 에티오피아산 CO 및 카네포라종에 흑두와 발효두가 섞여 있기 때문에 발효취 및 이취가 날 것으로 예측된다.

| 2 | SP는 CO에 비해 결점두 수가 적고, SCA 방식에 의한 관능평가에서는 산미가 강하며 바디가 있어서 고득점을 기록했다.

그린 그레이딩

| 1 | 커피 향미는 생두 품질에 의해 좌우된다. SCA 방식의 그린 그레이딩 (생두 감정)은, 커핑과 함께 습식 처리한 아라비카종의 생두 품질을 평가하는 중요한 방법이다. 결점두 종류 및 수뿐만 아니라 생두의 색과 냄새, 로스팅했을 때의 퀘이커(미숙두로 인해 로스팅에 의한 색 변화가 제대로 이루어지지 않음) 수, 수분함량 등도 확인한다.

이 그린 그레이딩은 Q아라비카 그레이더(SCA가 정한 기준에 따라 커피 평가가 가능한 기능자로 CQI가 인정한다)의 시험과목 중 하나이기도 하다.

이 같은 Q아라비카 그레이더 인증 자격자는 국제적으로도 증가하는 추세다. 일본에서는 'Q아라비카 그레이더 코스'(6일간 연속 연수 및 시험)를 CQICoffee Quality Institute의 협력기관인 SCAJ(일본스페셜티커피협회)가 운영하고 있다.

The Washed Arabica
Green Coffee Defect Poster

CQI : https://www.coffeeinstitute.org/
SCA:http://sca.coffee

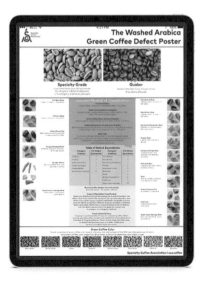

생두 300g 중 결점두 수 2018-2019 크롭(Crop year: 수확년)

생두 300g 중 콜롬비아산, 에티오피아산, 로부스타종(카네포라)의 결점두 수를 실제로 세었다.

	콜롬비아 CO	콜롬비아 SP	에티오피아 CO	에티오피아 SP	로부스타
흑두	1				
발효 전부			4		4
발효 부분	2		3		1
곰팡이			1		
이물질/돌			1		1
벌레먹은 콩 중증	7	1	1		
벌레먹은 콩 경증	7	1		1	2
플로터	1	1	2		
미숙두	6		79	6	14
주름	3				
쉘	1		2	1	
깨짐/쪼개짐	15	2	50	6	38
합계	43	5	150	14	60
SCA 관능평가/점	76	84	60	86.75	60

에티오피아 SP 생두

에티오피아 CO 생두

로부스타종 생두

에티오피아 SP 원두

에티오피아 CO 원두

로부스타종 원두

결점두의 종류

결점두에 대해서는 ISO 10470 (Green Coffee - Defect reference Chart)에서 볼 수 있다.

흑두

- `외관` 검게 변색
- `원인` 곰팡이에 의한 손상
- `향미에 주는 영향` 불쾌한 향미

발효두

- `외관` 붉은빛이 돈다
- `원인` 과발효
- `향미에 주는 영향` 불쾌한 향미

곰팡이

- `외관` 곰팡이
- `원인` 부적절한 보관
- `향미에 주는 영향` 곰팡이냄새

벌레먹은 콩

- `외관` 벌레먹음
- `원인` 체리에서 침투
- `향미에 주는 영향` 잡미

미성숙

- `외관` 주름, 은피 부착
- `원인` 미성숙
- `향미에 주는 영향` 떫은맛

플로터

- `외관` 물에 뜸
- `원인` 부적절한 보관
- `향미에 주는 영향` 불쾌한 향미

주름

- `외관` 표면에 깊은 주름
- `원인` 생육 불량
- `향미에 주는 영향` 불쾌한 향미

쉘빈

- `외관` 조개두
- `원인` 생육 불량
- `향미에 주는 영향` 쉽게 탐

깨짐, 쪼개짐

- `외관` 콩이 쪼개져 있음
- `원인` 탈각 불량
- `향미에 주는 영향` 잡미, 혼탁함

《커피 교과서》 호리구치 토시히데, 신성출판사, 2010

품질이 좋은 커피가 향미도 좋다

| 1 | 아래 표는 2016년부터 2018년까지 3년간 브라질, 콜롬비아, 과테말라, 케냐, 탄자니아, 에티오피아 등 총 6개국의 건식 또는 습식 50개 샘플을 이화학적으로 분석한 평균치이다.

SP는 CO에 비해 pH 수치가 낮고, 총산량(적정산도)이 높으며, 지질 및 자당 양도 많아서 유의차($p < 0.05$)[28]가 있다. 또한 산가酸値[29]의 경우, SP는 CO보다 작고 유의차가 있다.

| 2 | 샘플링한 SP는 생두의 총지질 및 자당 양이 많고, 관능평가의 바디에 영향을 준다. 또한 SP는 지질의 열화가 적고, 혼탁함이 없는 깨끗한 향미다. 관능평가의 총합점과 산가는 반비례 관계[30]가 있으며, 관능평가의 산도와 pH

50개 샘플의 이화학적 수치의 3년간 평균치(필자의 실험데이터)

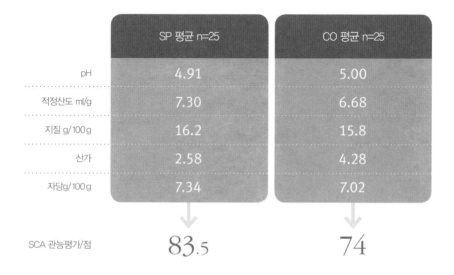

	SP 평균 n=25	CO 평균 n=25
pH	4.91	5.00
적정산도 ml/g	7.30	6.68
지질 g/100g	16.2	15.8
산가	2.58	4.28
자당 g/100g	7.34	7.02
SCA 관능평가/점	83.5	74

에도 동일 관계가 있으나 관능평가에서 바디의 득점과 총지질량에는 비례 관계[31]가 있다고 여겨진다. 이로써 샘플의 SP와 CO에는 분명한 품질 차이가 있다는 것을 알 수 있다. 결과적으로 관능평가 총합계점에서는 약 10점의 차이가 있었다.

에티오피아에서의 커핑

코스타리카에서의 커핑

28 유의차(Significant Difference) P ⟨ 0.005 통계상 차가 있어서 우연성에 의한 차의 확률이 5% 미만으로 작은 것을 의미한다.

29 산가(Acid Value, AV) 유지의 변질 지표이다. 커피에는 16% 전후의 지질이 함유되어 있기 때문에, 열화하면 건초의 맛과 마른 나무껍질 같은 맛이 난다. 수치가 낮은 쪽이 열화가 적다는 것을 의미한다. 정미 지질량은 1%지만, 이 수치가 높으면 묵은쌀 냄새가 난다(산화酸化란 물질에 산소가 화합하는 반응, 물질이 수소를 빼앗기는 반응이다. 예를 들면 철이 녹스는 것과 같은 현상). 원두의 경우 4주 정도부터 산화될 가능성이 있다.

30 반비례 관계 관능평가가 높은 쪽이 pH, 산가의 수치가 낮아진다는 관계로, 관능평가가 높은 쪽이 산이 강하고, 지질의 열화가 적은 것을 의미한다.

31 비례 관계 지질량이 높은 쪽이 관능평가 점수가 높게 나온다는 관계를 의미한다.

커피 향미는 유통과정의 영향을 받는다

|1| 커피는 생산국에서 생두 상태로 수출되고, 소비국은 이를 로스팅해서 마신다. 그 유통과정을 표로 설명한다(41쪽 표). 각 생산국 내에서의 유통경로는 매우 복잡하다. 그러므로 표는 어디까지나 하나의 예에 불과하다.

|2| 생두는 통상 마대에 담겨서 드라이컨테이너Dry container(DC, 상온)에 실린 뒤 소비국 입항 후에는 상온창고에 보관한다. 그러나 적도 부근을 통과할 때의 컨테이너 내부 온도는 종종 40℃가 넘고, 습도마저 상승한다. 따라서 2010년 전후부터 품질유지 대책을 마련한 유통 사례가 늘기 시작했다.

SP 중 일부는 마대 대신 진공포장Vacuum Pack[32](이하 VP, 10~ 35kg정도)재나 곡물용 그레인프로Grain Pro[33](이하 GP)에 담겨 리퍼컨테이너Reefer Container(이하 RC, 15℃ 설정)로 운송되고, 통관된 이후에는 정온창고(15℃)

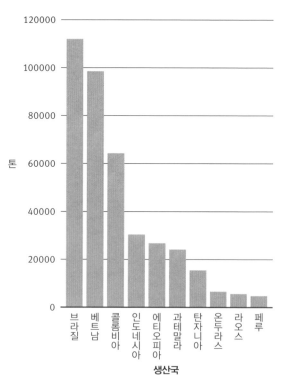

일본의 생두 수입량(2018년)

(세로축: 톤, 가로축: 생산국 — 브라질, 베트남, 콜롬비아, 인도네시아, 에티오피아, 과테말라, 탄자니아, 온두라스, 라오스, 페루)

에 보관된다. 이런 과정을 거친 생두의 경우, 신선도가 잘 유지된다는 점이 명확해지고 있다.

|3| 수입 후 1년간 마대에 담겨 상온창고에 보관된 생두는 VP로 정온창고에 보관된 콩보다 pH는 높고, 관능평가에서 산미가 감소한 사실을 알 수 있다(42쪽 표).

산지에서의 대략적인 유통경로

체리 – 과육제거 ~ 파치먼트 건조 (습식)~ 탈각 선별 ~
포장 ~ 보관 (건식)~ 수출

생산자

		생산국
소농가	체리 또는 파치먼트로 가공된 상태로 농협 등에 판매.	
농협	가공장에서 과육 제거, 건조까지 행함. 최종 수출까지 담당하는 경우도 있음.	
정제업자	파치먼트, 드라이체리 탈각, 선별, 포장.	
대농가	드라이밀을 소유하고 있는 농원은 수출까지 직접 하기도 함.	
적하항	생두를 컨테이너에 실음.	

		소비국
수출상사	생두를 수입하고, 생두 도매, 대형 로스팅회사에 판매.	
생두 도매	고품질 상품은 자사 수입이 많음. 범용품은 상사에서 구입해 중소 로스팅회사나 로스터리숍에 판매.	
항만 창고	상온·정온창고에서 각각 보관, 출하업무를 행함.	
대형 로스팅회사	커피숍, 마트, 가정용으로 원두를 판매. 캔커피 등도 취급.	
중소 로스팅회사	생두를 로스팅해. 주로 업무용으로 커피숍 등에 판매.	
로스터리숍	생두를 로스팅해. 주로 일반가정용으로 판매.	

소비자

컨테이너

정온창고 (15℃)

VP와 마대의 pH 차

같은 생두를 한쪽은 VP로 포장해 RC로 수입, 다른 쪽은 마대로 포장해 DC로 수입했다. 입항 후 조사해보니 VP 생두는 마대 포장한 생두보다 pH는 낮고, 지질량 감소도 적었다.

VP(진공포장)

GP(그레인프로)

마대

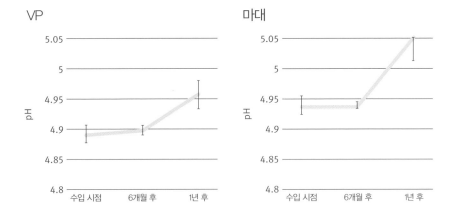

* 〈커피 생두 유통과정에 따른 포장, 수송, 보관방법의 차이가 품질변화에 미치는 영향〉 호리구치 토시히데, 일본식품보장과학회지 45, 129-134, 2019

화학적 데이터로 보는 품질

지금까지의 커피 연구는 유전자 특성이 다른 아라비카와 카네포라라는, 두 가지 품종을 비교하는 데 주안점을 두었다. 게다가 2000년 이전에 유통되던 커피는 생산국 이외 정보가 부족해서 생산이력을 파악하기도 힘들었다. 따라서 많은 논문과 서적에 기술된 이화학적인 성분치 조사결과는 서로 상이한 것들이 많았고, 연구의 재현성 역시 결핍될 수밖에 없었다.

현재 커피 연구는 생리학Physiology, 농학Agronomy, 유전자Genemics, 기후변화 Sustainability, 병리학Pathology(녹병 등), 화학Chemistry 등 전문 분야로 나뉘어 진행되고 있다. 분석기기[1] 역시 정밀도가 높은 것들이 전 세계 대학과 연구기관에서 사용되고 있다.

따라서 기기를 잘 사용하면 여러 가지 분석이 가능해지고 결과를 통계 해석할 수도 있다. 다만 그 결과가 무엇을 의미하며, 거기서 무엇을 이끌어내야 하는지에 대한 고찰이 어려워서 커피 지식 및 체험이 반드시 필요하다. 더불어 연구자의 감성과 통찰력이 절대적으로 요구된다.

이 책에서는 새로운 접근 방법으로서 생두가 함유한 이화학적 기본성분 등이 품질에 미치는 영향에 대해 생각해보았다. 이번 장에서는 대학원의 실험데이터 일부를 개재했다. 이화학적 수치 및 향미와의 상관성에 대해서는 자세하게 설명하지 않지만, 실험수치는 최종적 관능평가의 기준으로 삼았다.

---

1 **분석기기** 기체분석 GC(Gas Chromatography), 액체분석 HPLC(High Performance Liquid Chromatography)과 이들 질량분석을 조합한 GC-HM(Gas Chromatography 질량분석), LG-MS(액체 크로마토그래피 질량분석) 등이 있다.

※ 실제로는 커피 향미에 영향을 주면서 관능적으로 감지할 수 있다고 여겨지는 생두의 총지질량 및 산가(지질의 열화지수), 원두의 pH, 유기산량 및 조성, 나아가 자당량 등에 관해서도 분석해 그 이화학적 분석수치가 관능평가 결과와 관련 있으며 새로운 품질평가 기준이 된다는 것을 검증하였다.

에바포레이터

가지형 플라스크

커피의 성분 (무수물중 %)

성분	생두(%)	원두(%)	특징
수분	8.0~12	2.0~3.0	로스팅으로 감소
회분	3.0~4.0	3.0~4.0	칼륨이 많음
지질	12~9	14~19	고도 등에 의해 차이가 발생함
단백질	10~12	11~14	로스팅에 의한 큰 변화는 없음
아미노산	2.0	0	과일 (체리) 의 숙성에 따라 다름
유기산	~2.0	1.8~3.0	구연산이 많음
자당 (소당류)	6.0~8.0	0~2.0	과일의 신선도에 따라 다름
다당류	50~55	24~39	전분 . 식물섬유 등
카페인	1.0~2.0	~1.0	쓴맛의 10% 정도 영향을 줌
클로로겐산류	5.0~8.0	1.2~2.3	떫은맛 , 쓴맛에 관여함
트리고넬린	1.0~1.2	0.5~1.0	로스팅으로 감소함
갈색색소	0	16~17	쓴맛 , 바디에 영향을 줌

《커피 화학》 R. J. Clake, Spring, 33쪽, 필자의 실험데이터로 작성

이화학적인 실험 방법

대학원에서는 '생두 및 원두의 성분(이화학적 수치)이 어느 정도 커피 향미에 영향을 미치는가'에 대해서 시행착오를 거치며 아래와 같은 방법으로 실험을 했다. 수입 후 3개월 이내의 SP 및 CO를 사용하여 분석하고, 장기간이 필요한 경우에는 −30℃ 냉동고에 보관하여, 실험[2]은 5회(n=5) 실시했다. 병행하여 패널리스트[3]에 의한 관능평가도 실시했다.

생두로 실험(·는 원두로 분석) 2015~2018년

대상	내용	실험방법 등	향미로의 영향
수분	수분량	전기로에서 증발분 측량	생두 수분량
회분	미네랄량	전기로에서 연소시켜 측량	불명
단백질	단백질량	켈달법	불명
지질량 g/100g[4]	총지질	클로로포름 메탄올법	점성, 바디
탄수화물	다당류	100-(수분+회분+단백질+지질)	일부가 점성
• pH	수소이온 농도	pH계로 측정	산의 강도
• 적정산도 ml/g	유기산 총량	pH 7까지 수산화나트륨으로 중화	산의 복합성
• 유기산 mg/100g[5]	유기산 조성	HPLC로 측정[6]	산미의 질
산가[7]	지질 열화정도	지질추출 후 수산화칼륨으로 측정	클린함
자당량	자당량	HPLC로 측정	단맛
• 카페인	카페인량	HPLC로 측정	쓴맛
아미노산	아미노산 조성	현재 분석중	우마미

2　**실험 참고문헌** 《영양학, 식품학을 배우는 사람을 위한 식품화학실험》 카타오카 에이코 등, 타인서관, 2003, p89−91

3　**패널리스트** 커피 기초지식(생산지와 재배에서 정제, 품종 등)을 갖고, SP 음용 경험이 5년 이상이며 커핑(이 책에서는 이하 테이스팅) 경험이 있어서 Q그레이더에 준하는 스킬을 가진 자 중에서 13명을 선택했다.

4　**지질량** 클로로포름과 메탄올 혼액으로 생두 지질을 추출한 뒤 에바포레이터로 유기용매를 증발시켰다(45쪽 사진). 가지형 플라스크(45쪽 사진)로 지질의 냄새를 맡으면 생두에 함유된 향미를 흡착시킨 냄새가 난다. 이를 통해 지질은 매우 중요한 성분이라는 사실을 알 수 있다.

5　**유기산** 《Application of solid−phase extraction to brewed coffee caffeine and organic acid determination by UV》 Carla Isabel et al., HPLC, Journal of Food Composition and Analysis 20−5, 440−448, 2007.

6　HPLC(High Performance Liquid Chromatography, **고작위 액체크로마토그래피**) 액체 중의 성분을 분리, 검출하는 장치다. 본래 재현성이 있는 분석장치이지만, 고상추출(커피 추출, 흡합물 제거 등의 전처리) 방법으로 검출 데이터가 달라진다. 대다수 논문과 화학서적 데이터에는 유기산과 아미노산 조성이 상이한 것이 많아 보인다.

7　**산가酸価** 독립행정법인 농림수산 소비안전기술센터, 식용식물 유지의 산가측정 매뉴얼.

커피 생두의 기본성분이 향미를 구성한다

| 1 | 커피는 다른 식품과 비교하면 다양한 성분으로 이루어져 있으며, 향미 또한 복합적이다. 5개국 SPSpecialty coffee 및 COCommercial coffee로 유통되고 있는 시료를 수집해 식품의 기본성분인 수분, 회분, 지질, 단백질, 탄수화물 (차감법) 및 pH를 분석(아래 표)했다. SP와 CO 사이에는 지질량과 산의 강도 (pH)[8]에 차이가 난다는 사실을 알 수 있다.

생두의 일반성분 분석 결과

미디엄로스트, 2016년 입항 생두, n = 5

생산국	수분		단백질		지질		회분		탄수화물		pH/원두	
	SP	CO	SP	CO	SP	CO	SP	CO	SP	CO	SP	0
콜롬비아	10.8	11.0	11.0	10.9	18.5	17.4	3.4	3.5	56.3	57.2	4.80	4.95
에티오피아	10.9	11.1	10.9	11.0	18.1	17.1	3.3	3.4	56.6	57.6	4.90	5.15
브라질	12.1	12.3	12.1	11.5	18.2	17.5	3.8	3.9	53.6	55.0	5.00	5.03
인도네시아	10.8	11.3	11.4	10.5	17.5	16.1	3.5	3.5	56.9	58.5	4.85	4.90
과테말라	11.2	11.6	11.4	11.0	18.5	16.7	3.3	3.3	55.4	57.6	4.95	5.00

위의 표 보는 법

※ 수치 단위는 % (pH를 제외) 2016년 6월 실험 (실험 횟수 n=5)

※ 탄수화물은 100− (수분+단백질+지질+회질)로 산출

※ 수분치는 생산국에 따라 차이가 보인다. 단백질, 회분은 SP, CO 간에 유의차는 보이지 않는다. SP 지질량은 17.5∼18.5%로 CO 16.1∼17.5%에 대해 유의차가 있다. pH는 SP 4.80∼5.00에 비해 CO는 pH 4.90∼5.15로 높고, SP 산미가 강한 경향이 있다. 결과로서 지질량과

pH는 커피 향미를 평가하는 데 있어서 중요한 지표가 된다고 생각된다.

※ 유의차 : 우연성이 없고 통계상 차이가 있는 것.

※ 원두의 pH(0에서14)는, 수치가 낮을수록 산미가 강하고, 레몬은 pH 2, 미디엄로스트 커피는 pH 5 전후, 시티로스트는 pH 5.3 전후, 프렌치로스트는 pH 5.6 전후이다. 7이 중성이기 때문에 커피는 약산성이라 할 수 있다.

|2| 수치는 실험 시료를 바탕으로 한 것이므로 해당 생산국의 모든 커피에 적용되는 것은 아니다. 단지 하나의 지표로 보아주기 바란다. 각 생산국의 시료는 SP 및 CO로 유통되는 콩들이다. 실험은 생두 입항 후 3개월 이내에 실시했다.

① 수분

생두의 수분량은 생산국과 정제법에 따라 수출 당시부터 수치가 미묘하게 다르다. 수분이 13%를 넘으면 곰팡이 발생 위험이 커지므로 생산국에서는 10~12%에 수출한다. 수분량은 생두 포장재질, 수송방법, 보관창고, 입항 이후 경과일 등 외적 영향에 따라 변동되기 때문에 수입 시 수분량을 계측해 두는 게 중요하다. 시료의 입항 시 수분량은 10.8~13.1% 범위에 있었으며, 이는 적절한 수분량이었다.

② 단백질

생두의 일반적인 단백질량은 10~12% 정도지만, 이번 분석에서는 브라질 SP가 12.1%로 타 생산국보다 많은 경향이 있었다.

③ 총지질량

생두의 지질[9]량(49쪽 표)은 아라비카종의 경우 12~19%이다. 대두(20%), 깨(50%), 카카오(50%)에는 미치지 못하지만 비교적 많은 양이다. 커피의 경우 지질 중 75% 전후는 트리글리세라이드[10](중성지방)로 그 지방산 성분의 대부

---

8 **pH** 수소이온농도를 말하며, 산 강도의 지표가 된다. SP가 CO보다 산이 강한 경향이 있다. 일반 성분분석표에서 pH 4.80인 콜롬비아 SP와 pH 5.15인 에티오피아 CO 사이에는 0.35의 차이가 있으며, 이 차이는 대다수 사람이 감지할 수 있다.

9 **지질** 유油(기름)는 액체, 지脂는 고체. 유지는 액체와 고체를 포함하는 지방을 총칭한다. 지질은 에테르 등의 유기용매에는 용해되지만 물에는 잘 녹지 않는다. 유지는 지질의 일부.

분이 리놀산(47.3%), 팔미틴산(33.3%)이다. 지질량이 향미에 미치는 영향은 클 것으로 추측된다. 지질은 "영양학적으로 에너지 필수지방산의 공급원으로서 중요하며, 식품학적으로는 식품 촉감과 물성에 기여한다"[11]고 알려져 있다. 초콜릿, 참치의 대뱃살, 그 외 지질함량이 높은 식품은 입안에서 크리미한 감촉을 주며, 식품의 맛있음을 좌우하는 중요한 요소이기도 하다.

커피의 지질은 관능평가에서 바디에 영향을 주는 듯하다. 바디란 맛이라기보다 감촉이나 점성으로, 이를테면 '물 같은, 혹은 기름진' 촉감이다.

생산국별 100g 중 지질량

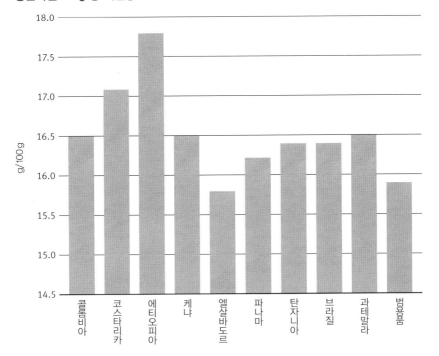

실험수치는 각 생산국의 시료에 따라 크게 차이가 있기 때문에 이 그래프로 단정적인 판단은 피해주기 바란다.

10 트리글리세라이드 《커피배전의 화학과 기술》 나 카바야시 토미지로 외, 홍학출판, 1995, p32
11 《식품 지질 열화 및 풍미 변화에 관한 연구》 다 카무라 히로카즈, 일본식품과학공학회지 53-8, 401-407, 2006

④ 회분(미네랄)

생두의 미네랄 성분을 일컫는다. 그 함유량은 3.3~3.9%로, 생산국 간 유의차는 없다. 커피 추출액의 경우 칼륨이 65mg/100g로, 인과 마그네슘의 10배에 가깝다(일본식품표준성분표 2017년판). 그 성분량 및 조성은 수질, 토양, 비료 등의 영향을 받는 것으로 추정된다. 단 커피의 미네랄 함유량은 매우 적으며, 향미와의 상관성을 이끌어 내는 것 역시 어렵다.

⑤ 탄수화물(다당류)

탄수화물은 전분 등 당질과 식이섬유의 통칭이다. 단백질, 지방과 함께 '3대 영양소'라고 불리는 탄수화물은 생두에 50~60% 포함되어 있으나, 로스팅을 거치는 동안 30~50%로 감소한다. 커피 추출액은 98.6%가 물이며, 그 안에 수용성 식이섬유가 0.7%(일본식품표준성분표 2017년판)로 가장 많이 녹아 있다. 이 때문에 커피의 Brix(농도)에 영향을 줄 가능성이 높다.

⑥ pH

51쪽 도표는 2018년 일본에 수입(2017~2018수확년)된 SP 생두 5종의 평균치로 작성했다. 주로 낮밤의 온도 차 등이 산량에 영향을 주는 것으로 보인다. 같은 위도라면 고도가 높은 산지의 콩이 산량이 높았다.

커피 추출기구

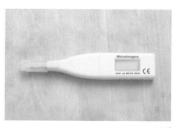

커피를 추출해 pH계로 산량을 측정할 수 있다. 온도는 25℃ 전후(상온)다. 추출액을 pH 7까지 수산화나트륨으로 중화하면, 적정산도(총산량/Titratable acidity)를 산출할 수 있다.

pH 계

로스팅 강도에 따른 케냐 SP의 pH와 향미 차이

pH 4.75 — 미디엄로스트
강하고 화사한 산, 레몬, 살구

pH 5.20 — 시티로스트
산뜻한 산, 감귤계 과일의 단 산미

pH 5.60 — 프렌치로스트
명확한 맛, 건자두

생산국별 pH

5.05

2018년 일본에 들어온 (2017–2018 수확년) SP 5종 원두의 평균치로 작성. 케냐가 산이 강하고, 브라질은 산이 약한 것을 알 수 있다. 케냐 산의 강도에 필적하는 커피는, 콜롬비아 나리뇨, 코스타리카 마이크로랏, 과테말라 안티구아산 일부에서 볼 수 있었다.

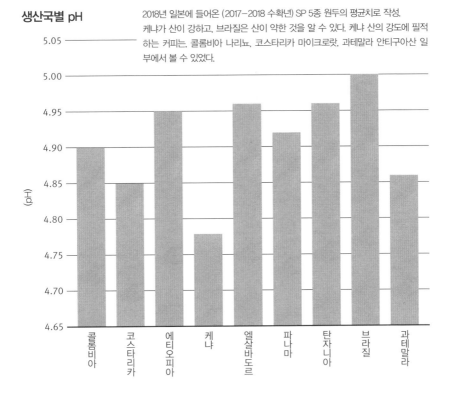

실험수치는 각 생산국의 시료에 따라 큰 차이가 있다. 따라서 단정적인 판단은 말기 바란다.

생두 기본성분 이외에, 커피 향미에 영향을 미치는 성분

① 유기산

커피에 있어서 산미는 중요한 향미로 구연산, 사과산 등 물질에 의해 표출되는 맛이다. 그러한 산은 물에 용해될 때 수소이온을 방출하기 때문에 산미 강약은 커피 추출액의 수소이온 농도(pH)와 일치한다. 또한 pH가 낮고 산이 강한 커피는 총산량이 많은 경향을 보인다.

유기산 조성을 분석한 결과, 구연산(레몬과 감귤계 과일의 산미) 양이 많을 경우, 산미의 질이 좋아진다. 또 초산(식초 등 강한 산미)이나 사과산의 양과 조성 관계에 따라 산미가 변화한다고 추정되지만, 좀 더 깊은 연구가 요구된다. 과테말라 등 중미 국가 생산품 및 콜롬비아산은 구연산이 많고 감귤계 베이스의 산미가 강한 커피라 할 수 있다.

유기산 조성

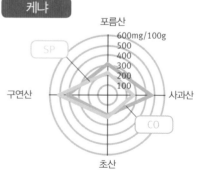

이 시료의 콜롬비아산 SP는 구연산 베이스의 산이 강한 커피인 것을 알 수 있다. 단, 케냐산 CO는 사과산, 포름산의 비율이 높아서, SP의 구연산 베이스 기본 산미에 비해 이질적인 산미로 여겨진다. 다만, 수치는 시료에 따라 변할 수 있다.

② 자당

자당은 포도당과 과당이 결합한 이당류로 설탕의 원료이다. 생두에는 자당이 6~8% 함유되어 있다. 자당은 배전 중 캐러멜화 과정을 거쳐 아미노산과 결합한 뒤 향 성분 및 메일라드 화합물을 생성, 추출액에 단맛과 바디를 만들어내는 것으로 보인다.

③ 아미노산

아미노산은 로스팅 과정에서 자당과 결합해 향 성분 및 메일라드 화합물

생산국별 100g 중 자당량

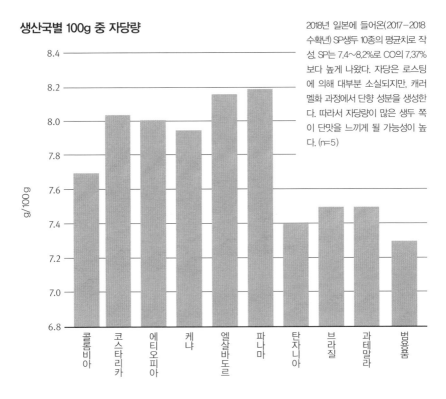

2018년 일본에 들어온(2017-2018 수확년) SP생두 10종의 평균치로 작성. SP는 7.4~8.2%로 CO의 7.37%보다 높게 나왔다. 자당은 로스팅에 의해 대부분 소실되지만, 캐러멜화 과정에서 단향 성분을 생성한다. 따라서 자당량이 많은 생두 쪽이 단맛을 느끼게 될 가능성이 높다. (n=5)

실험수치는 각 생산국의 시료에 따라 크게 달라진다. 따라서 단정적인 판단은 피해주기 바란다. 파나마에는 게이샤, 엘살바도르에는 파카마라 종이 포함되어 있다.

(갈색색소 등)을 생성하고, 추출액에 쓴 맛과 단맛 그리고 바디를 만들어내는 것으로 보인다. 감칠맛(우마미) 성분으로 알려진 생두의 아미노산 조성은 글루탐산[12] 20% 전후, 아스파라긴산[13] 10% 전후를 차지했다. 추출액[14]에는 글루탐산이 33mg/100g으로 가장 많이 함유되어 있었다.

또한 미디엄로스트와 프렌치로스트의 만델린 및 콜롬비아를 미각센서[15]로 측정한 결과, 강하게 로스팅[16]한 콩이 감칠맛 성분이 조금 더 많았다.

추출액 미각센서의 측정결과

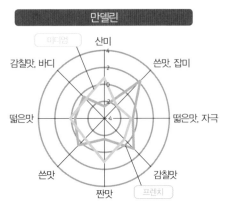

만델린

콜롬비아

※ (주)인텔리젼트센서테크놀로지

---

12 **글루탐산** 《커피의 과학과 기능》 그웬 반 첸·이시카와 준지, 아이케이코퍼레이션, 2008, p21

13 《Caffee Chemistry Volume 1》 R.J.Clarke, Springer, 2013, p142

14 **추출액 아미노산량** 식품성분표 2018, 7개정판

15 **미각센서** 쓴맛, 산미, 떫은맛, 짠맛, 감칠맛 등 5가지 센서로 맛의 강도를 그래프화할 수 있는 분석장치. 쓴맛 센서는 쓴맛물질을 감지하며,

'쓴맛 잡미'는 선미先味로, '쓴맛'은 후미後味로 느껴지는 쓴맛이다.

16 **강한 로스팅** 그래프는 미각센서로 만델린과 콜롬비아 미디엄로스트 및 프렌치로스트 원두를 분석한 것이다. 미디엄로스트보다 프렌치로스트 쪽이 쓴맛이 강하다는 사실이 명확하게 드러난다.

④ 카페인

식물에 함유된 대표적인 쓴맛물질은 알칼로이드[17]류다. 이러한 성분은 선제방어를 위해 다른 맛에 비해 역치[18]가 가장 낮고 감지하기 쉽게 되어 있다. 카페인도 그 일종으로 다량 섭취는 유해하지만, 적당량 섭취할 경우 긴장 완화, 졸음방지, 기분전환 등 효과가 있다. 아라비카종의 카페인 함량은 0.9~1.4%지만, 카네포라종은 1.5~2.6%로 더 많다. 생두의 카페인 함량은 로스팅 후에도 크게 변화하지 않는다.

커피에 함유된 쓴맛물질로는 카페인 외에 클로로겐산류, 트리고넬린, 갈색색소Melanoidin 등으로 알려져 있다. 향미와 상관관계는 아직 명확히 밝혀지지 않았다.

생산국별 카페인 양

※ 4개국 시료를 HCLP로 분석했는데, 해당 시료의 경우 과테말라와 에티오피아의 카페인 양이 탄자니아에 비해 유의미하게 많은 ($p < 0.01$) 것을 알 수 있었다.

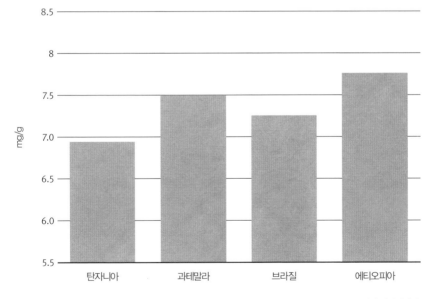

실험수치는 각 생산국의 시료에 따라 크게 달라진다. 그러므로 이 그래프를 가지고 단정적인 평가는 하지 말길 바란다.

⑤ 클로로겐산

식물의 뿌리나 과일에 함유된 클로로겐산류는 퀸산과 카페인산이 결합한 화합물군Caffeoyl Quinic Acid=CQAs의 총칭이다. 로스팅에 의해 클로로겐산류에서 클로로겐산 락톤류가 생성돼 쓴맛을 만들어내는 것으로 추정되는데, 카페인처럼 쓴맛으로서 감지하기는 어렵다.

최종적으로 커피 향미에 가장 큰 영향을 주는 성분은 유기산, 지질, 자당, 아미노산 등이다. 그 외에 카페인과 클로로겐산류 등도 있으며, 커피 향미는 그러한 성분들이 복잡하게 결합해 생성되는 것으로 보인다.

미각센서의 '감칠맛(우마미)' 지표

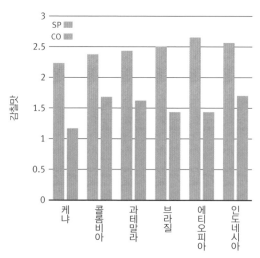

17 **알칼로이드(Alcaloid)** 니코틴, 코카인 등 질소를 포함한 염기성 식물 성분의 총칭으로 카페인도 그 일종이다. 염기성이란 알칼리성을 나타내며, 수용액에서는 수소이온 지수(pH)가 7보다 클 때를 말한다.

18 **역치** 맛을 감지할 수 있는 경계가 되는 값. 카페인 같은 쓴맛은 다른 맛에 비해 역치가 가장 낮고 감지하기 쉽다.

SP와 CO를 미각센서에 돌려서, '감칠맛'의 수치를 그래프로 나타냈다. SP는 CO보다 감칠맛이 높은 경향을 보였고, 습식(워시드)보다 건식(내추럴)이 감칠맛을 느낄 수 있는 가능성이 높은 것으로 나타났다. 또한 SP는 산지 시료에 따라 차이가 매우 컸다. 단, 이 결과를 생산국의 데이터로 판단할 수는 없다.

왜 로스팅을 해야 하나?
그 의미에 대하여

1990년 내가 개업할 당시, 시장에서는 미디엄로스트 커피가 90% 이상을 차지하고 있었다. 당시 대부분의 로스터로는 조직이 단단한 뉴크롭[1](수확한 지 1년 이내의 콩)의 생두 표면 주름을 펼 수 없었기 때문에 수입한 뒤 수개월 간 창고에 보관했던 콩들을 즐겨 사용했다. 그러나 시간이 지나면 지날수록 생두는 열화된다.

나는 강배전이되 '타지 않고, 스모키하지 않은 향미' '기분 좋은 쓴맛 가운데 산뜻한 산이 있으며, 산지의 특징적 향미'가 살아 있는 커피를 추구했다.

이처럼 이상적인 커피를 만들기 위해서는 콩 조직이 단단해 강배전에 견딜 수 있는 뉴크롭이 필요했다. 나아가 뉴크롭을 프렌치로스트까지 하려면, 기존 로스터의 성능으로는 어렵다고 판단해 직화형 5kg 로스터[2]를 개량했다.

❶ 프렌치로스트는 많은 연기가 발생하므로, 단독 배기 팬을 장착했다.

❷ 열량 부족을 보충하기 위해 버너 수를 추가했다.

❸ 추가된 버너로 인해 콩에 불이 쉽게 닿아 타지 않도록 버너와 실린더 간격을 멀게 설계했다.

이렇게 개량형 로스터[3]를 사용한 덕에 뉴크롭을 가지고 시티로스트와 프렌치로스트로 적절하게 로스팅할 수가 있게 되었다. 1990년대에는 뉴크롭을 찾기가 어려워서 많은 시간과 노력이 필요했다. 또한 같은 산지의 생두라고 해도, 들여올 때마다 또는 로트 별로 향미의 차가 크던 시대였다. 때문에 프리미엄 커피[4]라고 불리는 생두는 모두 로스팅을 해보는 등 시행착오를 반복했다.

그럼에도 만족할 만한 콩이 많지 않아서 2000년에 들어서자 원하는 콩을 직접 조달하기 위해 산지로 나가기 시작했다. 동시에 생두 품질 파악을 위한 테이스팅 기술 향상에 매진했다. '이 콩은 어느 정도의 로스팅이 적합할까?' '어느 정도까지 선도가 유지되며, 언제쯤 최상의 향미를 발휘할 것인가?' 등을 늘 생각했다. 커피 테이스팅 기술 향상을 위해 와인 테이스팅에도 자주 다녔다.

개업한 뒤 6년간은 직접 로스팅을 했지만, 이후로는 로스팅 담당자를 키우기 위해 집중했고 실제로 많은 로스팅 담당자를 배출했다. 단 감각이 둔해지는 것을 막기 위해 지금도 샘플 로스팅은 내 손으로 직접 하고 있다. 나아가 2000년대에 로스터리숍 100개를 개업시키고 전국 다양한 장소에 가서 로스팅 지도를 해왔다.

이 책은 로스팅 지도서가 아니다. 따라서 로스팅에 관한 이야기는 최소한으로만 언급할 것이다.

왼쪽부터 뉴크롭, 커런트크롭(수확 후 시간이 흘러 약간의 경시변화가 있으며
다음 수확기까지의 콩), 패스트크롭.
수확한 날로부터 시간이 지날수록 성분이 변화하고, 향미에도 영향을 미친다.

1 **뉴크롭** 수확 후 1년 미만의 생두로 신선한 콩. 다음 수확년도의 콩이 들어오면 패스트크롭이 된다.

2 **직화형 로스터** 실린더 표면에 작은 타공이 있어서, 불에너지가 직접 콩에 전달되는 구조의 로스터. 반열풍 로스터는 실린더에 타공이 없는 구조이다.

3 **개량형 로스터** 당시 내가 사용하던 개량형 로스터는 군마현 타카사키시의 '톤비 커피'에서 아직도 사용하고 있다. 현재 로스터의 성능은 당시보다 많이 좋아져서 개량할 필요가 적다.

4 **프리미엄 커피** 1990년대에는 범용품과 차별화하기 위해 수입상사와 산지의 수출회사가 만든 프리미엄 등급이 많이 유통되었다.

왜 로스팅을 하는가

| 1 | 로스팅이란 생두에 함유된 11% 전후의 수분을 가열(전열[5]=열의 이동)을 통해 2~3% 이하로 감소시켜, 분쇄가 쉽고 추출하기 적합한 원두 상태로 만드는 것이다. 열은 열원으로부터 콩 표면을 통해 콩의 내부로 전달된다.

| 2 | 로스팅은 '생두의 잠재성potential을 어떻게 이끌어낼 것인가'의 문제이기도 하다. 따라서 생두에 대해 가능한 한 많이 아는 게 중요하다.

2000년 이후 SP 시장이 확대하면서 생두 품질도 향상되었다. 2010년 이후에는 해발 2,000m를 넘는 산지의 단단한 성질을 지닌 생두가 늘고, 정제 방법도 다양해지면서 향미도 복잡해졌다. 생두의 잠재성을 잘 끌어내기 위해서는 지금보다 많은 경험이 필요하다. 다른 한편으로 약배전이 로스팅의 최선이라는 가치관도 생겨나면서 생두의 잠재성을 고려하지 않는 흐름도 있다. 그래서 로스팅 지식을 정리해보았다.

| 3 | 이 책에서는 로스팅 과정 전체의 전열을 '볶다'라고 표현한다('굽다'라는 표현은 사용하지 않는다). 이 과정에서 생두에 함유된 성분은 화학변화에 의해 분해되고 소실되어 새로운 휘발성 및 불휘발성 물질이 만들어진다.

전열은, 최종적으로 추출되는 커피의 향미에 영향을 주기 때문에 그 프로파일[6]이 중요하다.

---

5 **전열** 온도 차가 있는 두 장소에서 일어나는 열의 이동으로, 고체 내에 일어나는 전도, 고체의 표면과 유체 내에 일어나는 대류, 전자파 같은 복사가 있다.

6 **프로파일** 로스팅에 있어 가열과 배기 조작에 의한 경과 시간 별 온도변화.

|4| 생두를 로스팅하면 수분이 증발하고 세포조직은 수축하지만, 가열을 더 진행하면 내부가 팽창해 벌집처럼 다공질[7] 구조Honeycomb Structure가 된다. 이때 커피 성분은 세포의 내부 벽에 부착되고 탄산가스는 갇히게 된다. 다공질 구조 세포의 크기는 0.005~0.05mm로 분쇄해도 가루 속에 이러한 구조가 남게 된다. 곱게 갈면 이 세포가 깨어지면서 안쪽의 기체가 빠지고 성분들이 공기와 접촉해 산화되기 쉽다. 이 세포 공간 내 성분과 탄수화물(다당류)이 뜨거운 물에 용해되기 쉽게 하는 작업이 로스팅이다.

|5| 생두에 함유된 6~8% 전후의 자당은 로스팅 온도 150~160℃ 부근부터 캐러멜화해 그 후에는 아미노산과 결합하는 메일라드 반응[8]이 일어난다. 통상 자당은 분해되면 캐러멜화해 HMFhydroxymethyl-furfural이라고 불리는 단향 성분이 되는데, 커피의 경우 자당 분자뿐만 아니라 그 외 분자의 혼합물도 분해돼 복잡한 성분이 만들어지는 것으로 보인다. 또 이후 메일라드 반응에 의해 휘발성 메일라드화합물(향 성분), 쓴맛을 가진 질소화합물(알칼로이드), 당화최종산물[9] AGESAdvanced Glycation End Products을 만들어낸다.

'지질, 자당, 아미노산' 같은 성분은 로스팅에 의해 커피의 바디감을 만들어내는 중요한 요소라고 할 수 있다. 따라서 생두에 이러한 성분이 많이 함유되면, 향과 단맛 및 바디감 등이 어우러진 복합적인 향미가 만들어진다. 한편 카페인, 다당류, 단백질, 미네랄 등은 로스팅에 의한 성분변화는 없다.

7　**다공질** 《커피배전의 과학과 기술》 나카바야시 외, 홍학출판, 1995, P96~97
《더 알고 싶은 커피학》 히로세 히로유키, 아사히야출판, 2007, p19~21

8　**메일라드 반응** 팬케이크가 갈색으로 구워지는 것, 돈가스의 갈색 튀김옷은 메일라드 반응(갈색 반응)에 의한 것이다. 커피 생두도 로스팅 과정에서 메일라드 반응이 일어나 갈색 색소 등을 만들어낸다.

9　**당화최종산물** 《커피처방전》 오카 키타로, 의약경제사, 2008, p69

|6| 가열에 의해 실린더 내부의 생두 조직은 팽창하고, 생두 속의 탄산가스가 방출되어 첫 번째 팝핑[10](탁탁 튀는 소리)이 일어난다. 가열을 계속하면 탄산가스가 방출되면서 두 번째 소리가 들린다. 이때부터는 급속하게 로스팅이 진행된다. 이 과정에서 화력과 배기[11], 로스팅 시간 등 세 가지를 조절해 최적의 향미를 만들어내는 것이 로스팅 스킬 향상으로 이어진다.

|7| 프렌치로스트 또는 이탈리안로스트까지 로스팅하면 세포벽 파괴가 일어나면서 세포 안에 갇혔던 오일 성분이 조직의 틈을 타고 표면으로 흘러나온다. 콩은 팽창하기 때문에 용적이 증가하고 비중 축소를 가져오므로 쪼개지기 쉽다.

10 **팝핑** 콩의 온도가 100℃를 넘으면 수분 증발이 진행된다. 온도가 더 올라가면 콩 안에 탄산가스가 발생하고, 콩 표면에 만들어진 기포에서 탄산가스가 나오는데 이때 생기는 소리가 팝핑이다.

11 **배기** 배기 댐퍼를 열면 로스터 내부의 열과 콩의 열이 빠져나간다. 또 콩에서 발생하는 탄산가스와 연기를 내보낸다. 이 조작은 향미에 큰 영향을 준다.

소형 로스터의 구조와 종류

| 1 | 소형 로스터는 주로 회전식 드럼에 투입한 생두를 하부 가스(그 외에도 숯, 전기 등)의 열원으로 가열하는 구조다. 화력 조정(가스압력계에 의해)이 가능하며 실린더 내부의 공기, 탄산가스, 발생하는 연기를 배기시켜 주는 댐퍼로 조절하도록 되어 있다. 또한 실린더 내부의 온도, 배기온도계가 있어서 이를 참고로 로스팅 진행 상황을 조정할 수 있다.

소형 로스터의 구조

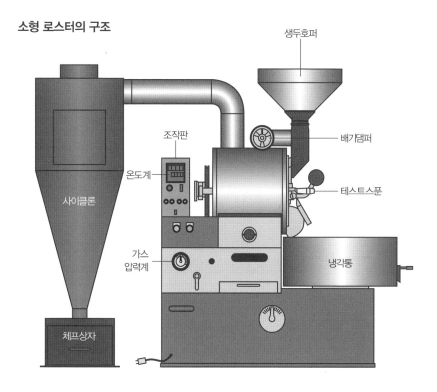

FUJI ROYAL 5kg 로스터

대부분 건물 외벽으로 배기 덕트를 설치하기 때문에, 배기로 인한 민원이 있는 경우에는 제연장치(특수 파우더로 연기 안의 입자들을 흡착시키는 논스모크 필터, 고온으로 연기를 연소시키는 애프터버너, 전기집진기 등)를 설치하는 곳도 늘고 있다. 단, 이 경우에도 냄새를 완전히 제거하기는 어렵다.

| 2 | 소형 로스터는 1kg, 3kg, 5kg, 10kg 등의 것들이 많고, 20~30kg 은 중형 로스터라고 할 수 있다. 대다수 로스터리숍에서는 3kg 혹은 5kg 로스터를 사용한다. 그러다 월간생산량이 500~1,000kg을 넘어설 무렵부터 10kg 이상을 설치한다.

실린더 표면에 작은 타공이 있는 직화식과 철면이 매끈한 반열풍식이 많이 사용된다. 로스팅 공정을 프로그램할 수 있는 전자동 로스터도 있다.

여러 가지 소형 로스터

기센

럭키

프로밧

디트릭

롤링

페트론치니

로스팅 프로파일에 대해

| 1 | 로스팅은 오감(미각, 촉각, 시각, 후각, 청각), 즉 시각으로 로스팅 중 색 변화를 보고, 후각으로 냄새를 확인하고, 청각으로 팝핑 소리를 들으며 종합적으로 판단한다.

나는 계기판이 없는 오래된 로스터로 로스팅을 하는데, 최종적으로는 인간의 감각이 가장 중요하다고 생각하기 때문이다. 다만 현재의 소형 로스터에는 온도계와 가스압력계 등이 부착돼 있고, 드럼의 회전수 제어가 가능한 기

5kg 로스터의 경우 참고용 로스팅 시간

투입시의 온도를 정하고, 최종적으로 18분 이내에 로스팅이 끝날 수 있도록 화력을 조정한다. 일반적으로 섬유질이 부드러워지는 타이밍, 탄산가스가 세표벽 안쪽으로부터 방출되는 타이밍에는 화력을 낮추고, 콩의 안쪽과 바깥쪽 로스팅 상태가 균일하게 될 수 있도록 한다.

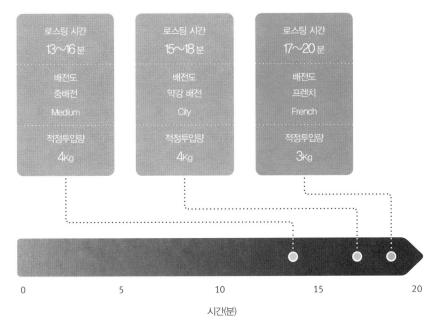

종들도 있다. 또 로스터에 노트북을 연결해 프로파일(로스팅 과정)을 기록하는 소프트웨어들도 많이 개발되었다. 프로파일을 참고해 인간의 감각에 응용하는 방법이 확대되는 추세다.

|2| 아래 표는 대략적인 로스팅 프로파일이다.

생두 수분치, 버너 화력, 온도 등으로 배전 단계는 변화하기 때문에, 최종적으로 향미를 체크하면서 보다 좋은 로스팅 프로파일을 작성해간다.

일반적으로는 ① 생두의 수분을 빼는(증발) 단계, ② 메일라드 반응에 의해 성분의 화학반응을 일으키는 단계, ③ 콩 내부의 탄산가스가 생기면서 첫 번째 팝핑이 일어나는 단계, ④ 첫 번째 팝핑부터 두 번째 팝핑이 일어나기까지의 단계, ⑤ 두 번째 팝핑이 일어나는 단계, ⑥ 배출 단계로 구분한다. 각각의 프로세스로 온도상승률Rate of Rise(RoR)을 1분 단위로 체크해 보다 나은 프로파일을 작성해보자.

로스팅 시간에 따라 단시간 로스팅, 장시간 로스팅, 저온 로스팅, 고온 로스팅 등의 표현이 사용되기도 한다.

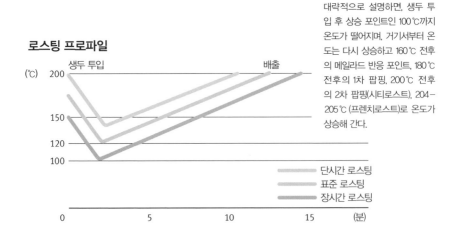

로스팅 프로파일

대략적으로 설명하면, 생두 투입 후 상승 포인트인 100℃까지 온도가 떨어지며, 거기서부터 온도는 다시 상승하고 160℃ 전후의 메일라드 반응 포인트, 180℃ 전후의 1차 팝핑, 200℃ 전후의 2차 팝핑(시티로스트), 204-205℃ (프렌치로스트)로 온도가 상승해 간다.

단시간 로스팅
표준 로스팅
장시간 로스팅

로스팅 방법에 대해

| 1 | 로스팅 프로파일은 여러 요인으로 인해 변화하기 때문에, 그 모든 것을 이해하고 수정하면서 진행할 수 있는 로스팅 스킬이 필요하다.

나는 개업 희망자들을 위해 로스터 설치 상태의 안전성을 확인해주고 초보자를 위한 조작방법을 지도하는 과정에서, 설치 조건이 다른 전국의 로스터로 볶은 커피들의 향미를 체크하고 그에 맞게 초기설정(아래 표의 ①부터 ④까지 조작)을 통제해왔다.

설정할 때 로스팅 결과가 생두의 잠재성을 잘 이끌어냈는지를 확인하면서 매뉴얼을 작성한다. 이 작업은 초보자에게는 매우 어려워서, 자칫 주관적으로 초기설정을 하면 혼란스러운 결과를 맞이하게 된다.

기본 매뉴얼을 바탕으로 여러 생두를 로스팅하면서 자신만의 로스팅 방법을 습득해 나가면 스킬이 보다 수월하게 향상될 것이다.

로스팅에는 변동 요인이 많고, 이를 익혀 가려면 몇 년 정도의 경험이 필요하다.
오른쪽 표처럼 생두 특징의 차이로 향미가 변화하기도 한다. 이런 이해를 바탕으로 로스팅을 할 필요가 있다.

로스팅의 기본

1 생두 투입시 실린더 내부의 온도

2 로스터의 용량 대비 매회 로스팅할 때의 투입량

3 초기 화력 설정 및 로스팅 도중의 화력 조정

4 배기 컨트롤

5 드럼속도 조정(가능할 때)

향미 변화 요인

1 생산지 　생산지역, 고도 등으로 향미 차이가 크다

2 품종 　콩질이 다르다

3 정제 　다양한 정제방법에 따라 향미가 달라진다

4 입항월 　생두의 성분은 경시변화한다

5 생두의 수분 함량 　외기의 영향을 받는다

기본 로스팅의
초기 설정

후지로얄 5kg로스터로 생두 3kg을 로스팅할 경우의 초기 설정이다. 이 방법을 기본으로 하여 그 후 향미를 확인하면서 로스팅 방법을 설정해 간다.

1 초기화력을 정해, 배기댐퍼를 살짝 닫는 느낌으로, 드럼 내부 온도[12] 160℃, 배기온도 180℃에 생두를 투입한다. 약 2분 후에 100℃까지 떨어진다.

> **Point** | 초기 화력설정과 투입온도는 향미에 영향을 준다. 투입한 후에 온도가 너무 떨어지는 이유는 실린더가 충분히 예열되지 않았거나, 투입온도가 너무 낮다고 생각할 수 있다.

2 떨어진 온도에서부터 1분간 온도 상승을 체크한다. 이 단계에서 11% 전후의 수분을 서서히 증발시킨다.

> **Point** | 온도 상승율이 너무 높으면 로스팅 시간이 짧아진다. 생두 색의 변화를 관찰한다.

3 160℃ 부근부터 생두에 함유된 자당의 캐러멜화가 진행되면서 향 성분이 생성되기 시작하며, 그 이후 메일라드반응에 의한 메일라드 화합물이 생성된다.

> **Point** | 클로로겐산류외도 반응해 갈색색소를 생성해간다. 로스팅에 의한 단향을 확인한다.

4 투입부터 10분 전후에 식물섬유질이 팽창해 다공질이 되며 내부에 탄산가스가 차게 된다. 180℃ 전후에 발생한 탄산가스가 콩의 벽을 뚫고 '탁 탁' 튀며 첫번째 팝핑이 오고 연기도 많이 나온다.

> **Point** | 화력을 낮추고 댐퍼를 열어, 실린더 내부의 공기 흐름을 이용해 로스팅 후반에 생성되는 연기와 체프를 제거한다.

5 첫 번째 팝핑 도중부터 끝날 때까지, 또는 약간 진행된 상황까지가 미디엄로스트의 영역된다.

> **Point** | 온도 상승율을 완만하게 통제한다. 팝핑 이후의 상승율 증가는 잡미를 만들어낸다.

6 두번째 팝핑이 올 때까지 테스트 스푼으로 실린더 내부의 콩을 꺼내서 로스팅 상태와 연기 상태를 꼼꼼하게 체크한다.

Point | 미디엄과 하이로스트 사이에는 향미의 차이가 크다. 따라서 향미의 변화 포인트를 꼼꼼하게 익힐 필요가 있다.

7 200℃ 언저리에서 '틱 틱' 소리가 나면서 두 번째 팝핑이 시작된다. 강배전의 초입이라고 할 수 있다.

Point | 이 단계에서 바로 배출하면 시티로스트가 된다.

8 두 번째 팝핑 이후 로스팅의 진행은 급격하게 빨라진다. 1초 오차가 향미에 큰 영향을 준다. 화력을 섬세하게 확인하고 연기 배출도 신경 써야 한다. 테스트 스푼으로 원두의 색을 확인하고, 튀는 소리와 냄새로 로스팅 상태를 확인한다. 냉각통을 우선 회전시키고 콩을 배출한다.

Point | 이 포인트부터 진행되는 상태에 따라, 풀시티, 프렌치, 이탈리안 등 섬세한 강배전의 세계에 돌입한다. 로스터에서 콩을 배출한 후에도 콩의 여열로 로스팅이 진행되기 때문에, 그만큼 고려하여 미리 빼주는 것이 필요하다. 적절한 로스팅이라면 프렌치 로스트 초입에서 아주 일부 콩에 기름이 베어나는 것이 포인트이다.

12 **로스팅 온도** 콩의 온도라기보다 실린더 내부 온도이므로 어디까지나 참고용으로 사용해야 한다. 실린더가 충분히 데워지지 않은 상태라면 온도계 온도는 참고하기 어렵고, 3회째 로스팅부터 온도가 안정된다. 예열이 충분하면 두 번째 배치부터 안정된 로스팅이 가능하다.

로스팅의 8단계

라이트
Light

약배전으로 곡물취가 남는다. 씨앗, 맥아, 풀, 옥수수

pH	UNKUnknown)
L치	UNK	보류	UNK

시나몬
Cinnamon

미디엄 직전의 약배전. 레몬 같은 산이 강하고, 너트류, 스파이시함.

pH	4.8 이하
L치	25 이상	보류	88-89

미디엄
Medium

첫 번째 팝핑에서 그 종료시점까지 폭이 넓다. 커핑용 배전도로 산미와 단맛, 바디의 밸런스가 좋아지는 구간이며, 산지의 향미 특성이 드러난다. 오렌지.

pH	4.8~5.0
L치	22.2	보류	87-88

하이
high

미디엄 종료부터 2차팝핑 직전까지 구간이다. 무겁지 않은 산미와 명료한 바디가 드러난다. 벌꿀, 자두, 토스트.

pH	5.1~5.3
L치	19.7	보류	85-87

※ 보류 생두 투입량에서, 실제로 남겨진 원두의 비율을 의미한다. 보류율을 생산성, 효율성을 나타내는 지표로서 본다면, 미디엄 쪽이 프렌치 보다 생산성이 높다는 결과가 된다.

※ L치 Light, 색의 밝기(명도)를 나타내며, 0~100까지 있다. 0이 흑이고 100이 백이며, 숫자가 클수록 밝은 색을 의미한다. 콩의 크기와 죽은 콩 등의 영향을 받을 가능성이 있다. 분광색차계SA4000(일본전색공업제)로 측정했다.

시티
city

2차 팝핑의 시작 구간, 강배전 초입부이다. 부드러운 산과 좋은 바디감의 향미가 있다. 바닐라, 캐러멜.

pH	5.3~5.4		
L치	19.2	보류	83-85

풀시티
Full city

2차 팝핑의 피크 전후 구간으로 프렌치와의 경계가 모호한 배전 정도이다. 캐러멜초콜릿.

pH	5.5~5.6		
L치	18.2	보류	82-83

프렌치
French

2차 팝핑의 피크부터 종료 직전까지의 구간. 다크 초콜릿색으로 콩 표면에 기름이 살짝 떠 있다. 쓴맛. 다크초콜릿.

pH	5.6~5.7		
L치	17.2	보류	80-82

이탈리안
Italian

프렌치로스트보다 더 진행된 단계. 약간의 탄내가 있으며 바디는 약해진다.

pH	5.7~5.8		
L치	16.2	보류	80

로스팅 강도에 따라 향미가 변화하는 것에 대해

|1| 대형 로스터는 로스팅 종료 시점을 색차계color meter의 L치(명도값)로 판단하고 있다. 가령 미디엄로스트 L 22, 시티로스트 L 19, 프렌치로스트 L 17 등으로 규격을 정했다. 단 고품질 콩의 기본성분 함유량은 범용품과 달라서, 색만으로 로스팅 종료 시점을 정하면 오차가 발생할 수 있다. 가령 당질이 많은 케냐산 커피 등은 로스팅 색이 진하게 변하는 경향이 있다.

|2| 커피 향미는 로스팅 강도에 따라 큰 차이가 있다. 나는 '강한 로스팅이되 타지 않고 연기가 배어있지 않은 부드러운 향미'를 추구하며 커피를 시작했다. 개업 당시 시장은 미디엄로스트가 90% 이상을 차지했는데, 나는 소비자에게 시티로스트를 추천하거나 곧장 프렌치로스트를 권하기도 했다.

아래 표는 후지로얄 1kg 로스터를 사용해 투입온도 160℃에 화력과 배기는 일정하게 하고, 로스팅 시간은 7분 46초~8분, 표본오차 15초로 로스팅한 결과이다.

각 생산국의 SP 미디엄로스트 중량 감소와 L치(1kg 로스터)

생산국	로스팅 시간	중량 감소(%)	색차계	관능평가
케냐	7분 46초	11.6	20.6	레몬, 살구잼
페루	7분 57초	12.6	21.2	감귤계 밝은 산
과테말라	8분	12.8	21.0	오렌지, 하귤
온두라스	8분	14.0	21.1	약간 녹초의 향미
콜롬비아	8분	12.8	21.4	귤, 자두

※ 로스팅 종료 후 중량 감소(슈링케이지Shrinkage)도 적절한 로스팅의 판단요소가 된다. 미디엄 기준으로 12~13%의 경우, 시티 16%, 프렌치 18% 전후로 감소한다.

각 생산국 생두의
적절한 로스팅 강도에 대해

| 1 | 적절한 로스팅 강도는 생두가 지닌 잠재성에 따라 달라진다. 재배지 (적도 부근의 경우)의 고도가 높고 총지질량과 총산량이 많은 생두로 조밀도[13] 가 높으면 강한 로스팅에도 향미가 남기 때문에 미디엄에서 프렌치까지 폭넓 은 로스팅이 가능하다. 반면 고도가 높은 산지에서 수확되었을지라도, 티피 카나 파카마라종은 섬유질이 부드럽기 때문에 미디엄에서 시티까지가 적절 하다. 로스터는 이를 테이스팅하면서 적절한 포인트를 짚어낼 필요가 있다. 많은 생두를 다루면서 여러 단계 배전에 도전해보면 경험치가 쌓여 판단력이 생긴다.

| 2 | 일반적으로 미디엄로스트 때 pH가 5.0 이하로 산미가 강하고 총지질 량이 16% 이상이며 콩질이 단단한 것은 강한 로스팅에도 향미가 불균일(탄 맛, 연기, 잡미 등)해질 가능성이 낮다. 단, 이는 고품질 콩을 기준으로 한 것이 다. 대다수 범용품은 산이 약하고 지질량이 적기 때문에 강한 로스팅을 하면 향미가 불균일할 가능성이 크다. 또 지질의 열화가 많고 잡미가 강해져 적절 한 로스팅의 폭이 좁다.

| 3 | 생두 특성에 따라 다양한 로스팅이 가능해지므로 SP의 대략적인 배전 범위(74쪽 표)를 표시했다.

지금은 고도 2,000m 넘는 산지의 콩도 많이 유통되고 있다. 콜롬비아 나리 뇨현의 소농가나 코스타리카의 마이크로 밀 생두처럼 콩질이 단단한 것은 향 미가 복합적이다. 이를 VP로 포장해 리퍼컨테이너로 들어올 경우 신선한 상 태가 고스란히 유지된다. 특히 고도가 높은 코스타리카 따라주의 마이크로

밀 커피는 지질량이 많아서 과거 방식대로 로스팅할 경우 콩의 잠재성을 제대로 살려내기 어렵다. 따라서 고도의 테이스팅 스킬이 필요하다.

SP 및 CO의 일반적 로스팅 범위 (입항 3개월 이내) pH는 M 수치

M = Medium H = High C = City F = French ◎ 최적 ○ 적절 △ 약간적절 × 부적절

	생산국	구분(지역 품종)	지질량	pH	M	H	C	F
SP	케냐	키리나가	17.1	4.75	○	◎	◎	○
	콜롬비아	나리뇨	18.5	4.85	△	○	◎	◎
	코스타리카	따라주	18	4.85	△	○	◎	◎
	과테말라	안티구아	17.3	4.9	○	○	◎	△
	인도네시아	수마트라	16.7	4.9	○	○	○	◎
	에티오피아 /W	예가체프	17.5	4.95	○	◎	◎	△
	파나마	게이샤	17	4.9	◎	◎	△	×
	엘살바도르	파카마라	16.6	4.95	○	◎	△	×
	하와이	코나	17.2	4.9	○	◎	△	×
	브라질	세하도	17.6	5.1	○	○	○	○
CO	케냐	AA	16.4	4.95	○	○	△	×
	콜롬비아	수프레모	16.8	5.05	○	○	△	×
	브라질	No2	17.2	5.15	○	○	△	×

위 표는, 해당하는 산지의 모든 생두에 적용되지는 않는다. 품종 로트(생산시기 등), 포장재질, 입항 시기에서 경과월수 등 생두의 상태에 따라 달라진다. 적절한 로스팅 강도는 샘플 로스팅으로 판단할 필요가 있다.

13 **조밀도** 단위체적당 중량, 생두의 단단함이 판단기준이 된다. 생두의 경우 묵직한 것은 고지대에서 생산된 완숙 커피일 확률이 높다. 조밀도가 높으면 미디엄로스트 단계에서 표면 주름이 잘 펴지지 않는 경향이 있다.

로스팅한 원두를 미각센서로 측정해 보면

| 1 | 미각센서는 맛성분(식품 중에서 맛을 나타내는 성분)의 정량분석장치나 관능평가를 대신한 맛 인식장치로서 커피를 포함한 식품업계에서 두루 활용되고 있다.

미각센서는 다섯 가지 센서(신맛, 쓴맛, 감칠맛, 짠맛, 떫은맛)로 선미와 후미 합계 8가지의 맛(선미=신맛, 쓴맛 잡맛, 감칠맛, 짠맛, 떫은맛 자극, 후미=감칠맛 점성(바디), 쓴맛, 떫은맛)을 그래프화한다.

커피의 경우 신맛센서는 유기산을 감지하고, 쓴맛센서는 쓴맛물질을 감지하며 카페인은 감지하지 않는다. 감칠맛 센서는 글루탐산 등 아미노산을 감지한다. 떫은맛 센서는 카테킨 등을 감지한다.

커피가루 10g을 200ml 비커에 넣고 93℃의 물 130ml를 부은 뒤 교반기로 3분가량 섞은 다음 페이퍼로 여과시켜 미각센서로 분석했다. 과테말라산으로 로스팅 정도가 서로 다른(미디엄, 시티, 프렌치로스트 3종) 샘플 3종을 미각센서로 측정한 결과가 76쪽의 표이다.

미각센서는 수치에 따른 시료 비교가 가능하고 맛의 강약 평가도 가능하지만 품질 평가는 어려운 면이 있다. 향기 역시 감지할 수 없다.

미각센서 (주) 인텔리젠트 센서 테크놀로지

로스팅 강도가 서로 다른 콩을 미각센서로 측정

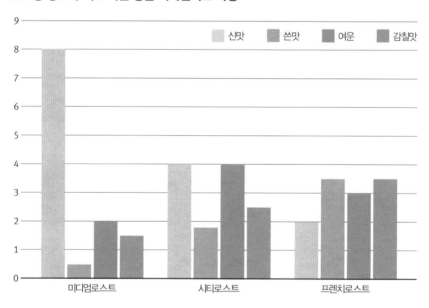

산미는 미디엄 > 시티 > 프렌치 의 순이며, 미디엄은 산미 주체의 커피라는 것을 알 수 있다. 쓴맛은 프렌치 > 시티 > 미디엄 순으로 강하며, 프렌치는 쓴맛 위주의 커피라는 것을 알 수 있다.

감칠맛은 프렌치 > 시티 > 미디엄 순으로 강하며, 로스팅 이 강한 편이 감칠맛이 강하다. 여운은 시티 > 프렌치 > 미디엄 순으로, 이 시료에서는 시티가 산미와 단 여운이 있는 커피라고 할 수 있다.

생두의 유통기간에 대해

| 1 | 생두는 유통과정에서 성분변화가 일어난다. 성분변화가 가장 적은 것은, 진공포장(10~35kg)을 해서 리퍼컨테이너(15℃)로 수송한 뒤 정온창고(여름철 15℃)에 보관하는 방법이다. 총산량総酸量 및 총지질량総脂質量 저하를 피할 수 있고, 지질의 산가酸価도 도드라지지 않는다. 보통 1년간은 선도를 유지하면서 향미 열화도 억제할 수 있다.

| 2 | 반면 대다수 범용품 유통에서 이용하는 마대자루 포장(내부에 그레인프로 없이), 드라이컨테이너 수송, 상온창고 보관의 경우 입항 시점에서 이미 총산량 및 총지질량 저하가 나타나며, 이후에도 경시변화가 커서 생두의 신선도를 유지하기 어렵다. 따라서 가능한 한 빨리 사용하는 것이 좋다.

  진공포장과 리퍼컨테이너를 사용할 수 없는 생산지도 많다. 그런 경우에는 그레인프로grainpro bag를 사용해 정온창고에 보관하면 6개월 정도는 선도 유지가 가능하다.

  물론, 산지와 품종 등에 따라 차이가 크므로 경험을 기준으로 판단해야 한다.

위에서부터 2019-2020크롭 (수확년)
2018-2019크롭, 2016-2017크롭.
커피의 경우, 와인과 달리 보존 상태가 좋아도 향미 열화가 일어나기 때문에, 1년 이내에 소비하는 게 좋다.

로스팅한 원두의 유통기간과 보존방법에 대해

| 1 |　로스팅이 끝난 순간부터 원두는 탄산가스와 함께 향 성분을 방출한다. 또 원두는 산소, 빛, 온도, 습기 등의 영향을 받기 때문에 밀폐용기에 담아 암냉소에 보존할 필요가 있다. 3주가량은 문제가 없지만 그 이상 장기보관이 필요한 경우에는 냉동 보관이 좋다(79쪽 표 참고). 특히 가루라면 구입 후 즉시 사용하거나 오래 보관해야 할 경우 밀봉 냉동해야 한다. 로스팅한 원두의 수분치는 2~3%이기 때문에 얼음처럼 꽁꽁 얼지 않는다. 꺼내서 바로 분쇄해 그대로 추출해도 괜찮다. 상온이 될 때까지 방치할 필요는 없다.

| 2 |　유통기한(개봉하지 않은 상태)은 5일 이상 보관할 수 있는 식품 포장에 표기해야 할 의무사항이다. 유통기한 설정 기준은 제조사마다 다르다. 로스터리숍의 경우 계량 판매도 있고, 유통기한 표시를 하지 않기도 한다. 로스팅한 날짜를 알 수 없는 상황에서는 최종적으로 소비자가 신선도를 판단할 수밖에 없다. 신선도가 좋아서 탄산가스가 많을 경우, 뜨거운 물을 부으면 가루가 물을 흡수하면서 잘 부풀어 오른다. 이 상태가 되는 커피는 마시기에 적절해 위에 부담이 느껴지지 않는 듯하다.

커피 보관용기

커피 로스팅 당일부터 향미의 변화

커피의 향미는 표와 같이 로스팅한 날부터 일수로 변화해 간다. 볶은 지 얼마 되지 않은 신선한 커피를 구입해 밀폐용기에 넣어 상온에 보관할 경우 구입일, 3일 후, 1주일 후, 2주일 후, 3주일 후에 마시면 미세한 향미의 차이를 이해할 수 있다.

케냐 키리냐가, 시티로스트 pH 5.3, 25g 가루, 2분 30초에 240ml 추출

로스팅일로부터 경과시간	가루 부풀음	향미	◉ 잘 부풀음 ◯ 부풀음
당일	◉	신선한 향미로 밝은 인상. 향이 좋고, 감귤계 산과 단 여운	
3일	◉	경쾌하고 밝은 산. 맛이 약간 둥글고, 당일과의 향미 차이는 작다	
7일	◉	경쾌함, 감귤계 산에 자두의 밝은 산. 바디감이 느껴짐	
10일	◯	아직 신선한 상태. 바디의 윤곽이 명확해짐	
14일	◯	향미의 윤곽이 명확하고, 캐러멜 같은 농후한 맛	
21일	◯	향이 약간 약해지면서, 단 초콜릿의 여운이 남는다. (적절한 로스팅[14]과 신선한 보관이 유지된 경우)	
냉동[15] 1개월	◉	상온[16] 7일 이내와 향미의 차이가 별로 없다. 바디가 있으며, 맛은 마일드하다.	
냉동 3개월	◯	약간 향이 줄어들었지만, 가벼운 맛의 여운. 신선도 좋음.	

14 적절한 로스팅 단시간 로스팅이 아니며, 원두 내부까지 균일하게 로스팅이 된 상태. 과도한 쓴맛과 연기 냄새가 없고, 향미의 변화가 온화하게 진행.

15 냉동 가정용 냉동실에 보관, 알루미늄 포장재를 지퍼백에 이중으로 넣어 보관, 미개봉 상태. 꺼내서 바로 분쇄해 추출.

16 상온 병에 넣어서 암냉소에 보관, 200g을 순서대로 사용했을 때의 맛.

79

샘플로스터로서 사용가능한 1kg 이내의 소형 로스터

디스커버리는 소형 로스터를 아주 작게 만든 모델로, 샘플로스터로서도 사용 가능해 인기가 높으며, 가정에서도 가스를 연결해 사용할 수 있다. NOVO는 전자동으로 편리하기 때문에 이용범위는 넓지만 가격이 조금 비싸서 업무용으로 사용된다.

파나소닉은 샘플로스터 또는 취미용으로 가정에서 사용 가능하지만, 생두 50g(로스팅 후 44g 전후)으로 소량 로스팅이다. 자신의 사용 목적과 맞으면 매우 편리하다.

후지로얄
디스커버리

용량 250g 전후

열원 반열풍, 직화, 가스

일본제, 샘플로스터로서 편리

다이이치전자
NOVO

용량 1kg 이내

열원 열풍, 전기

전자동 로스터, 프로그램을 이용하여 초보자도 간단하게 로스팅할 수 있고, 설치 장소의 제약이 거의 없다. 그 가치만큼, 가격은 약간 비싸다.

파나소닉
The Roast Expert

용량 50g 이내

열원 열풍, 전기

일반가정용, 샘플로스터로서 편리
iPhone/iPad와
연동(iOS만 대응)

로스팅 즐기기

| 1 | 수망과 가정용 소형 로스터로 로스팅을 하는 사람들이 늘고 있다. 이렇게 개인적으로 즐기더라도 향미를 위해서는 생두 품질이 가장 중요하다. 나아가 로스팅한 콩을 추출해서 좋고 나쁨을 판단할 수 있는 테이스팅 능력이 필요하다. 따라서 직접 로스팅을 할 때는 커피 회사의 좋은 콩을 표본으로 삼아 연습하는 게 중요하다.

| 2 | 아래 사진의 작은 로스터는 iPad, iPhone과 연동된다. ① 열원이 전기이며, ② 프로파일을 터치패널로 간단히 조작할 수 있고, ③ 조작이 간단하며, ④ 샘플로스터로서 사용할 수 있다는 이점을 지닌다. 그러나 ① 프로파일을 조금만 바꿔도 향미가 크게 변하고, ② 따라서 테이스팅 기술이 없을 경우 주관적으로 프로파일을 할 수 없다는 점, ③ 생두 50g(볶은 후 44g)밖에 로스팅할 수가 없다는 단점이 있다. 다만 조작이 간단해 10분 내외로 로스팅을 완료하고, 연속 로스팅할 수 있는 편리함을 지닌다.

| 3 | 프로파일은 무한으로 작성할 수 있지만, 그만큼 향미는 달라지게 된다. 파나소닉 The Roast Expert를 사용해 과테말라 파카마라와 원난 티피카를 로스팅해보았다(82쪽).

파나소닉 로스터
The Roast Expert

로스트 프로파일

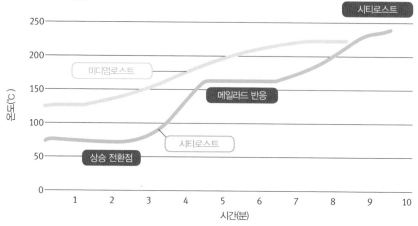

저자가 작성한 로스트 프로파일. 이 로스터로는 프렌치 등의 강배전은 어렵고, 시티 프로파일을 작성. 연속배전 가능

과테말라, 파카마라종, 2018–2019, 20g으로 240ml 2분에 추출

로스팅 정도	pH	Brix	테이스팅	score
미디엄	5.1	0.9	플로랄하며 과일 향미	44/50
하이	5.2	1.1	오렌지에 라즈베리 . 깨끗하며 화사함	48/50
시티	5.4	1.2	포도와 건자두	45/50
프렌치	5.5	1.2	건자두 . 쓴맛이 강해짐	40/50

파카마라종은 미디엄에서 시티 로스트까지로 화사한 과일의 향미가 표현된다.

윈난성, 티피카종, 2019–2020, 20g으로 240ml 2분에 추출

정제법	pH	Brix	테이스팅	score
습식	5.4	0.8	깨끗한 티피카이지만 . 산미 . 바디가 약간 약함	39/50
PN	5.4	1	단 여운이 있지만 . 식으면 조금 떫은 맛	38/50
건식	5.4	1	좋은 건식이지만 균일함이 부족하다 .	37/50

티피카종의 생두는 외관은 비료 부족의 인상이 있었음. 콩 크기도 작은 편. 전체적으로 다른 티피카종의 산지와 비교해 산미가 약하고, 식으면 약간 혼탁함이 올라온다. 단, 윈난 티피카종은 희소성이 있음. Score 는 Lesson 11 평가 방법에 의한 것이다.

추출의 '기본기'를
이해한다

지난 20년간 생두 품질이 향상되고, 로스터의 종류도 다양해지면서 커피의 향미는 한결 풍성해졌다. 이렇듯 큰 변화 속에서 요구되는 추출은 '생두의 품질을 충분히 반영해서 원두가 지닌 향미의 잠재성을 표현하는 것' 외에 아무 것도 아니다. 나아가 다양한 향미의 개성을 표현하기 위해서는 기존의 추출법을 재고하며 유연하게 대응할 필요가 있다.

이 책에서의 추출은 주로 핸드드립을 말하며, 커피 향미의 '다양성'을 이해하고, 새로운 '맛있음'을 발견해 각자에게 가장 잘 어울리는 추출 차트Coffee brewing chart[1]를 완성하는 것을 최종 목표(레슨 9)로 한다.

이 책에서는 스스로의 미각과 비교하기 위해 추출액의 산 강도를 pH계로, 추출액의 농도를 Brix계로 측정해 보기 쉽게 표시했다.

그러나 측정 수치에는 외부 온도나 추출 시 물 온도, 분쇄가루의 입자, 로스팅한 날로부터 경과일수, 추출법에 따라 오차가 있으므로 어디까지나 참고용으로만 활용하기 바란다.

---

1 **추출 차트** 다양한 분쇄량과 추출시간의 조합으로 만들어지는 향미를 관능평가와 pH, Brix 수치로 측정한 표. 여기서 자신의 취향을 이끌어 내는 것이 가능하다.

※ pH 1.0의 차이는 미각에 있어서 10배 정도의 차이가 있다. 예를들어 pH 4.8 케냐산과 pH 5.1 브라질의 산미의 강도는 관능적으로 충분히 감지할 수 있다.

※ Brix는 물에 자당(설탕)을 녹인 용액은 빛의 굴절율이 물보다도 크게 되는 원리를 이용한 수치로, 액체 안에 녹아 있는 질량인 농도를 의미한다. 커피 추출액에는 다당질(수용성 식물섬유질 등)의 일부나 많은 물질들이 녹아 있다.

※ 추출액 측정은 25℃(±2 오차)로 3회 측정(n=3)했다.

※ 시료는 입항 후 3개월 이내의 생두를 로스팅해 사용했다.

※ 모두 생산이력이 명확한 SP이지만, 표시는 생산국, 생산지역까지만 명기했다.

※ 레슨 4 이후의 모든 추출은 표시가 없는 경우 93℃(±2 오차) 온수로 추출했다.

추출의 기본치

아래 표는 페이퍼드립, 프렌치프레스로 25g 의 가루를 사용하여 3분 동안 240ml 추출했 을 때의 수치, 에스프레소는 20g의 가루로 25 초에 40ml를 추출했을 때의 수치. L치는 분광색차계 SA4000(일본전색공업제) 으로 측정한 수치이다.

로스팅 강도	L치	pH	Brix		
			페이퍼	프렌치프레스	에스프레소
미디엄	22.2	4.8~5.0	1.7	1.5	
하이	20.2	5.1~5.2	1.6	1.5	
시티	19.2	5.3~5.4	1.5	1.5	
풀시티	18.2	5.5~5.6	1.5	1.5	11.0
프렌치	17.2	5.6~5.7	1.4	1.5	

페이퍼드립

프렌치프레스

에스프레소

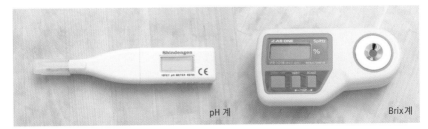

pH 계

Brix계

※ pH계 (아이스프에트컴 (주) 포켓 pH계)　Brix계(아타고디지털 당도계)

입자, 분쇄량, 물 온도, 추출시간, 추출량에 따라 향미는 달라진다

| 1 | 커피 추출이란 '분쇄한 커피가루에 85~95℃ 온수를 붓거나 담그는 방법으로 커피에 들어있는 성분을 용해 혹은 침출시켜 마시기에 적합한 추출액을 만드는 것'이다. 현재 여러 가지 추출기구가 개발되어 일상적으로 사용되고 있다.

| 2 | 커피 향미는 ① 분쇄된 가루의 입자, ② 분쇄가루의 양, ③ 물의 온도, ④ 추출시간, ⑤ 추출하는 양에 영향을 받는다.

'입자가 곱고, 분쇄가루의 양이 많고, 물 온도가 높고, 추출시간이 길고, 추출량이 적은' 상태라면, 성분의 용해도는 높아져서 액체의 농도(Brix=용액 100g당 용질이 몇g 녹아있는가를 나타낸 질량 퍼센트)는 높게 나온다. 결과적으로 농도 깊은 향미가 된다.

따라서 추출에 있어 적절한 향미를 만들어내는 입자, 분쇄량, 물 온도, 추출시간, 추출량의 상관관계를 이해하는 것이 바로 '기본 중의 기본'이 된다.

| 3 | 종종 책에는 '중간 정도 입자 2인분 25g을, 85℃ 물 260ml로 2분에 걸쳐 추출한다'라고 쓰여 있는데, 정답일까?

2인분을 20g, 300ml로 추출하면 안 되는 것일까? 혹은 2인분을 30g, 95℃로 용해하면 안 되는 것일까? 이렇듯 당연한 문제에 대한 의문을 갖는 것부터 추출의 기본은 시작된다.

| 4 | 그래프 (1)은 입자, 추출시간, 물 온도를 동일한 조건으로 해서 분쇄 가루 양과 추출량의 밸런스만 본 것이다. 파란색 선을 표준적인 향미라고 가정한다면 선보다 위는 농도가 깊은 영역이 되며, 그보다 낮으면 농도가 낮은 영역이 된다.

또한 그래프 (2)는 추출시간이 길어지면(또는 가루의 양이 많고, 입자가 고울 경우) 브릭스가 높아져 농도 높은 커피가 됨을 나타낸다.

가루의 양과 추출량의 관계 (1)

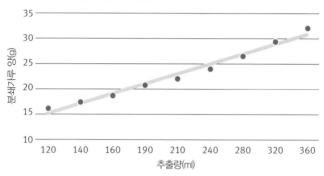

추출액의 농도와 추출시간 관계 (2)

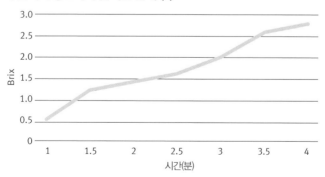

투과법과 침지법의 차이에 대해

| 1 | 커피 향미는 로스팅 강도, 분쇄도, 추출시간, 물의 온도 등에 따라 달라진다. 여기에 추출방법과 추출기구가 더해지면 크게 변화할 가능성이 높다. 추출방법은 크게 나누면 투과법과 침지법, 에스프레소 등 3종류(92쪽)가 된다.

| 2 | 투과법은 드립이라고도 하며 페이퍼드립, 융드립 등이 있다. 드립은 간단히 말하면 '물을 조금씩 단속적으로 부어 우려내는 것으로, 커피의 성분을 용해하고 침출시켜 여과하는 추출방법'이라 할 수 있다.

커피숍과 카페, 가정에서도 이 방법이 많이 사용되고 있다. 2010년 이후에는 미국에서도 바리스타[2]들이 페이퍼드립에 흥미를 보이며 확산하는 추세다. 또 페이퍼를 대신할 스테인리스 등 금속 필터도 늘어나고 있다. 관련 대회[3] 등도 국내외에서 열리고 있다.

이 책에서 투과법은 뜨거운 물을 소량 부어 20~30초 뜸을 들인 후 한꺼번에 물을 부어 내리는 방법과 소량씩 단속적으로 물을 붓는 방법, 두 가지로 나누어 생각했다.

| 3 | 침지법의 대표적인 사례는 프렌치프레스와 사이폰으로, '가루 전체를 물에 담근 상태로 성분을 추출하는 방법'이다. 프렌치프레스는 사용이 간단해서 2000년 이후 일본에서도 확산되고 있다. 2010년 이후에는 사이폰도 재조명되고(1990년 이전 커피숍 전성기에는 사이폰을 사용하는 곳이 많았다) 있는데, 일반 가정 내 사용은 많지 않아 이 책에서는 언급을 생략한다.

|4| 생두를 로스팅하기 시작하면 수분은 증발하고 세포조직은 수축된다. 로스팅을 더 진행하면 내부는 팽창해 벌집 같은 공간(다공질구조, 아래 사진)이 만들어진다. 이때 커피 성분은 세포벽에 달라붙고 탄산가스는 그 공간에 갇힌다. 다공질구조 세포 공간의 크기는 프렌치로스트의 경우 0.09mm 정도이며, 분쇄해도 가루 안에 이 구조가 남게 된다. 다만 곱게 분쇄할 경우 세포벽이 붕괴하고 탄산가스도 빠져나와 성분이 공기와 접촉한 뒤 산화하기 쉽다. 이 세포벽 안의 탄수화물(다당류) 등 성분을 뜨거운 물로 용해하기 쉽게 하는 작업 시간을 '뜸들이기'라고 하는 것 같다.

|5| 단속적 투과법이란, 소량의 온수를 연속적으로 붓는 방법이다. 온수는 가루 층을 서서히 침투해 성분을 용해하고, 그 성분을 머금은 온수가 아래층에 침투해서 다시 성분을 용해해 가는 것이 단속적으로 이루어져 전체로서 농축된 추출액을 만들어내는 방법이다.

다공질구조 : 전자현미경
세포 공간은 CO_2 가스로 채워져서, 용해된 성분이 담기게 된다.

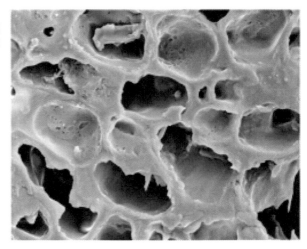

주요 추출방법

뜸들이기 투과법

방법   온수를 붓고 20~30초 뜸들인 후,
또 온수를 붓는다.

추출기구   페이퍼 드립

단속적 투과법

방법   온수를 소량씩, 단속적으로 부어
준다.

추출기구   페이퍼드립, 융드립

침지법

방법   가루와 물이 함께 머물러 있는 상태
가 된다

추출기구   프렌치프레스, 사이폰

에스프레소

방법   7g의 가루로 30㎖의 커피를 30초
로 추출한다

추출기구   에스프레소 머신

2   **바리스타** 이탈리아의 바르(커피점)에서 일하는
사람을 비롯해, 카페 내에서 커피(에스프레소
등)를 추출하는 사람을 두루 이르는 총칭.
3   **대회** SCAJ(일본스페셜티커피협회)에서는

JHDC(재팬핸드드립선수권), JSC(재팬사이포니
스트선수권), JBrC(재팬브루워즈컵) 등 대회를
개최하고 있다.

추출법에 따른 미각의 차이

과테말라 안티구아, 습식, 시티로스트 pH 5.4

25g의 가루를 사용해 2분 30초로
240ml 추출해 미각센서에 돌린 결과

페이퍼드립 ▬▬▬▬▬
융드립 ▬▬▬▬▬
프렌치프레스 ▬▬▬▬▬

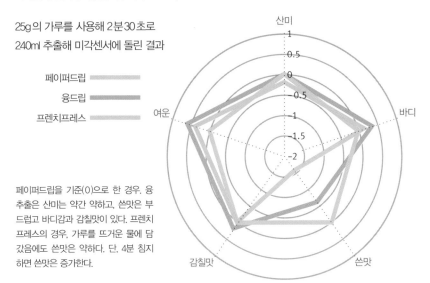

페이퍼드립을 기준(0)으로 한 경우. 융 추출은 산미는 약간 약하고, 쓴맛은 부드럽고 바디감과 감칠맛이 있다. 프렌치프레스의 경우, 가루를 뜨거운 물에 담갔음에도 쓴맛은 약하다. 단, 4분 침지하면 쓴맛은 증가한다.

추출기구의 장점과 단점

페이퍼드립

장점 각자 취향에 맞는 맛을 만들어 낼 수 있고, 뒷처리가 간단하다

단점 추출이 어렵고, 추출에 따라 향미의 차이가 크다

융드립

장점 매끄러운 바디감이 있는 커피를 만들 수가 있다.

단점 추출이 안정되기 어렵고, 융을 보관하는 등의 관리가 까다롭다

프렌치프레스

장점 추출 조건을 정하면 간단하게 추출이 가능하다.

단점 미분으로 추출액이 혼탁해지기 쉽다. 기구를 씻는 데 손이 많이 간다.

이 책에서 다루는 기본 추출기구

○표시는 필수아이템이며, △은 있으면 편리하다.

맛있는 커피를 추출하기 위해서는 추출기구가 필요하다. 이를 정리해 보았다.

드리퍼 ○	페이퍼 ○	금속필터 △	글래스 포트 △
주로 원추형과 대형 2가지 형태	각 제조사별 추천품을 사용했다	페이퍼가 필요없지만 미분이 나온다	추출량을 알 수 있기 때문에 편리. 비커로도 가능

드립 포트 ○	계량 스푼 △	온수포트 ○	온도계 △
페이퍼드립에는 필수	일반 스푼으로도 대체가능	테팔 등이 편리 (온도계 부착형 등)	있으면 편리

저울 ○	타이머 ○	커피 그라인더 ○	프렌치프레스 △
정확한 추출량을 알기 위해 필수	정확한 추출시간을 보기 위해 필수	가능하다면 준비	페이퍼드립 이외의 추출

추출방법에 어울리는 드립 포트를 선택한다

| 1 | 커피 추출에는 추출방법에 어울리는 드립 포트가 필요하다. 드립 포트는 주전자 또는 전기 포트에서 뜨거운 물(98℃ 전후)을 옮겨 담아 사용한다. 포트에 담긴 물은 95~96℃가 되며, 가루와 접촉할 때 최초 온도는 93~95℃가 된다. 이때 포트의 뚜껑이 있으면 물이 쉽게 식지 않는다. 뜸들이는 시간을 둘 경우 추출하는 2~3분 사이에 물의 온도가 조금 낮아진다.

| 2 | 2인분 추출에는 700ml 전후 용량의 포트가 편리하며, 400~500ml 물을 넣어 사용한다. 3인분 이상이라면 온수를 조금씩 더해서 사용하면 좋다. 드립 포트는 추출을 위한 것이므로 직접 불에 닿지 않도록 한다.

물조리개 유형 (추출구가 길다)

최근에는 아래와 같은 유형이 많다. 처음 30초 뜸을 들이고, 수차례 나누어서 커피를 내리는 방식에 어울린다. 가루의 중심부터 바깥쪽을 향해서 부어주기 쉬운 반면, 물이 약간 포물선을 그리기 때문에 목표 지점에 정확히 붓기는 어렵다. 한편 러셀홉스처럼 점드립이 가능한 것도 있다.

칼리타

하리오

러셀홉스

점드립 유형의 포트는 물을 한 방울씩 떨어뜨릴 수 있다.

점드립 유형

추출구 뿌리부분이 굵고 추출구가 가는 포트는 물을 한 방울씩 떨어뜨리거나, 10㎖ 정도의 물을 목표 지점에 정확히 떨어뜨려 추출하기에 적합하다.

나는 유키와 포트의 추출구가 꺾인 것을 사용해오다 최근 칼리타의 동포트(700㎖) 등도 사용하고 있다. 1,000㎖ 이상 용량의 큰 포트는 무거워서, 어깨에 부담을 주므로 가능한 피하는 것이 좋을 것 같다.

칼리타

유키와

츠키우사기지루시

그라인더 성능은 향미에 큰 영향을 준다

|1| 커피는 원두 상태로 성분이 제대로 추출되지 않기 때문에 가루를 내어 추출한다. 그 때문에 그라인더(분쇄기)가 필요하다. 원두 판매점에서 가루 상태로 구입할 수도 있지만, 갓 로스팅한 커피 원두를 스스로 분쇄하면 커피의 향미를 보다 진하게 체험할 수 있다.

|2| 가정용 수동·전동그라인더 외에도, 업무용 전동그라인더가 있다. 로스팅한 원두는 중배전부터 강배전에 이르기까지 균일하게 분쇄되어 미분(0.1mm 이하)이 적을수록 좋다. 분쇄부의 구조는 다양하며, 그 성능에 따라 향미에도 영향을 준다.

|3| 핸들을 돌리는 수동식은 입자 조정이 간단해 편리하다. 분쇄하는 것이 조금 번거롭기는 하지만, 디자인도 다양해서 디스플레이 효과도 있다. 수동식 그라인더는 힘을 주어 핸들을 돌리기 때문에 다소 무거워야 손에 고정해 돌리기가 쉽다. 빈티지 그라인더들도 인기가 있다(아래 사진).

|4| 그라인더에 필요한 성능은 ① 균일하게 갈릴 것, ② 미분이 적을 것, ③ 내구성이 좋을 것 등을 들 수 있다. 미분은 맛을 약간 거칠게 하지만 이 책에서는 특별히 미분을 제거하지 않

빈티지 커피밀

는다. 사용하는 그라인더에 따라 미분이 많이 보일 때는 차 거름망 같은 것을 사용하기를 권한다. 미분을 제거한 것과 제거하지 않은 것을 블라인드 테이스팅해서 어느 쪽이 더 좋은지 세미나에서 30명에게 질문을 던진 결과 취향은 반반으로 갈렸다.

주요 수동 그라인더

코노

가볍게 갈리고, 고성능이지만, 20년 전에 판매가 종료되었다.

포랙스

세라믹 날로, 분해해 씻을 수 있다. 이동에 편리하다.

하리오

여러 종류의 그라인더가 있다. 일본 제조사로 안정성이 있다.

푸조

자동차보다도 먼저 그라인더를 제조했던 오래된 제조사. 가격이 조금 비싸지만 성능은 확실하다.

칼리타

일본 제조사로 오래전부터 많은 그라인더를 제작하여 안정성이 있다.

작센하우스

가격은 조금 비싸지만 안정적인 성능을 보인다.

다양한 전동그라인더와 선택법

| 1 |　전동그라인더로 날개를 회전시켜서 콩을 깨뜨리는 방식(프로펠러식)은 저렴하지만, 분쇄도 조정이 불가능하다. 균일하게 분쇄하기 위해서는 도중에 뚜껑을 열고 확인해 흔들면서 분쇄하는 등의 수고가 필요하다. 미분이 많이 나오는 경향이 있다.

| 2 |　고정 날과 회전 날과의 간격을 다이얼로 조정해 분쇄하는 구조의 그라인더(플랫버)는 가정용, 업무용으로 보급되어 있다.

　입자 크기를 조정할 수 있는 덕에 가정에서 사용도 늘어나는 추세다. 나는 몇 가지 전동그라인더를(100쪽) 사용하고 있다.

| 3 |　균일하게 분쇄되는 것이 좋은 그라인더이다. 입자 조절이 가능한 플랫버를 선택하기로 했다면, 가격과 디자인만 고려하면 될 것이다. 단, 어떤 그라인더든 입자의 편차는 있다. 그라인더는 매우 중요하지만 그렇다고 너무 예민하게 신경 쓰느라 콩의 품질을 간과하는 일이 생기지 않아야 한다. 마찰열은 과도한 양을 연속 분쇄하지 않는 한 크게 신경 쓰지 않아도 된다.

　주의사항은 ① 분쇄한 뒤 바로 사용할 것, ② 너무 곱게 갈지 않을 것. 입자가 너무 고우면 표면적이 넓어져서 추출시간이 더 오래 걸리고, 추출액이 너무 진해진다.

내가 사용하고 있는 주요 전동 그라인더

칼리타 CM-50

프로펠러식은 분쇄도를 알기가 어렵고, 도중에 확인이 필요하다. 흔들면서 사용하며, 시간을 정해 두는 것이 좋다.

드롱기 KG 364 J

비교적 곱게 갈린다. 페이퍼 드립용은 굵은 입자로 하면 된다. 대학 연구실에서 사용하고 있다.

하리오 EVC-8B

10만 원대로 가격이 저렴해서 매력적이다. 가정용으로 사용하는 것이 좋다.

칼리타 나이스컷G

소형 그라인더로 인기 있던 나이스컷밀을 리뉴얼해, 나이스컷G가 되었다. 최근 칼리타 그라인더 종류가 늘었다.

후지로얄 R-220

같은 크기로는 성능이 좋고, 내구성이 강하다. 소규모 커피숍 등에서 사용하기에 좋다.

키친에이드 KGC 0702

가정에서 매일 아침 커피를 추출할 때 사용하고 있는데 안정적이다.

후지로얄 R-440

연구소에서 세미나 할 때 사용하고 있다. 오래전부터 커피숍에서 업무용으로 많이 사용되고 있다.

디팅 KR-804

중간 입자에서 고운입자까지 가능하다. 향미가 진해지는 경향이 있다. 커피숍, 원두판매점에서 사용할 수 있다.

다양한 드리퍼

'올바른 핸드드립 방법은 무엇인가?'라는 질문에 대답하기는 어렵다. 커피는 기호식품이니까 '각자 맛있다고 느끼면 그걸로 끝'이라고 간단히 말한다면, 이 책은 필요 없어진다. 따라서 가능한 많은 사람이 객관적으로 '맛있다고 느낄 수 있는' 추출법에 다가가 보겠다.

10년 전과 비교하면 지금은 다양한 드리퍼가 개발되었고, 무엇을 사용하면 좋을지 선택하기조차 버거울 정도다. 2010년대까지 하리오 V60이 미국에서 확산돼 푸어오버Pourover(위에서 붓는)라는 생소한 용어가 자주 등장했고, 페이퍼드립은 더 이상 우리만의 것이 아니게 되었다. 끓인 물을 붓고 휘휘 저어주는 등 기존에는 생각지도 못한 추출법도 생겨나서, 유튜브를 비롯한 여러 매체를 통해 소개되고 있다.

이처럼 추출법이 다양해진 상황에서 원점으로 돌아가 드리퍼의 기능성을 확인하는 것부터 시작한다. 커피의 좋은 향미를 표현하기 위해서는 원두가 지닌 잠재성이 가장 중요하다. 그 다음으로 추출기술, 마지막으로 드리퍼의 기능이 중요하다고 본다.

따라서 드리퍼 기능으로 향미가 결정된다기보다는, 물 붓는 방법 등 추출 기법 쪽이 중요하다고 할 수 있다. 이번 장에서는 다양한 드리퍼를 잘 활용할 수 있는 힌트를 제안한다.

드리퍼 기능성에 대해

| 1 | 제조사에 따라 형상이 다른 각종 드리퍼가 생산되고 있는데, 물이 투과하는 방식에 약간의 차이가 있다. 따라서 같은 방법을 이용해 여러 드리퍼로 내릴 경우 드리퍼 형상에 따라 향미에 미묘한 차이가 발생한다. 결국 제조사가 권장하는 추출법을 반복하면서 각 드리퍼의 특징에 맞춰 자신만의 추출법을 고민해보는 게 좋을 듯하다.

| 2 | 각 드리퍼에는 리브(골)가 있어서, 페이퍼와의 간격을 통해 물줄기의 흐름을 만들어낸다. 이 리브의 모양과 길이에도 차이가 있는데, 추출법으로 물 통과를 통제할 수 있기 때문에 향미는 리브보다 물을 붓는 방법에 큰 영향을 받는다고 여겨진다. 단 리브가 없는 드리퍼는 물의 투과 효율이 매우 나쁘고, 추출에도 적합하지 않다.

| 3 | 나는 1990년 개업 당시부터 코노 원추형 드리퍼를 사용하고 있다.
 당시엔 칼리타와 멜리타가 대부분이어서 차별화하기 위해 코노를 사용했다(하리오 원추형은 아직 발매되지 않았다). 현재 연구소의 초급 추출 세미나에서는 하리오 원추형도 사용한다.

각 드리퍼의 기능과 Brix

에티오피아 예가체프 , 시티로스트 pH 5.4, n=3

드리퍼	하리오 원추	코노 원추	칼리타	멜리타
가루10g	31초	29초	64초	42초
Brix	0.8	0.8	0.9	0.9
가루 20	63초	60초	115초	128초
Brix	1.0	1.0	0.9	0.9

물의 투과시간에는 큰 차이를 보이지 않는다.   드립에 침지법의 요소가 들어감.

하리오 원추   코노 원추   칼리타   멜리타

※ 가루 10g에 150ml의 온수를, 약 20g에 250ml의 온수를 한꺼번에 붓고, 각각 100ml, 200ml의 물이 떨어지는 속도를 측정했다. 초수에는 다소의 오차가 있다.
원추는 비교적 빨리 물이 떨어진다. 그 때문에 농도를 만들어 내기 위해서는 물 투입량을 콘트롤해서 드립하는 방법이 좋다.

대형은 드리퍼에 물이 담기기 때문에 떨어지는 속도가 더디다. 칼리타 멜리타 둘 다 150ml까지는 같은 속도로 떨어지는데, 남은 50ml가 떨어지는 속도는 느려지기 때문에, 물 붓는 방법을 조절할 필요가 있다.
또한, 물이 떨어지는 속도 또는 Brix는, 로스팅 이후 경과 일수의 영향도 받는다.

전통적인 드리퍼 형상에 맞는 추출방법에 대해

|1| 페이퍼드립을 위한 드리퍼로는 칼리타, 멜리타, 원추형 코노와 하리오 등이 있다. 커피숍과 소비자는 각각의 드리퍼를 사용해 다양한 추출법으로 추출하기 때문에 각 제조사는 추출방법에 대해 관여하지 않는 방향을 취하고 있다.

|2| 각 제조사가 추천하는 추출법을 홈페이지에서 발췌했다. 실제로 추출해 보니, 제조사가 추천하는 방법에는 시간이 명기되지 않아서 추출을 일정하게 하는 데 의외로 어려움을 느꼈다. 그 때문에 많은 커피숍이 각자 편한 방법으로 추출하는 듯하다. 최종적으로는 추출액의 향미로 판단하게 되므로 객관적으로 향미를 판단하는 스킬(레슨 11)이 중요해진다.

|3| 각 제조사의 드리퍼를 사용해 가능한 제조사 추천방법에 따라 추출해 보았다. 입자는 모두 약간 굵은 정도(152쪽 표)로 했다.

추출액의 농도가 다르고 향미의 질에도 차이가 발생하지만, 원두의 품질이 좋으면 모두 맛있는 커피가 된다. 드리퍼 선택은 개인의 취향이지만, 모든 드리퍼는 물을 붓는 방법을 바꾸는 것만으로도 각자 취향에 맞는 맛을 만들어 낼 수 있을지 모른다.

◀ **제조사의
추천 추출방법**

92℃의 물을 30㎖ 천천히 부
어 30초 기다렸다가, 2번째는
중심부터 동그라미를 그리듯
3회 부어준다. 3~4회차도 2
번째처럼 물 붓기를 반복한다.

> Comment
>
> 칼리타의 추출법은 일반적
> 으로 널리 알려진 방법이
> 다. 드립에 침지법의 요소
> 가 가미된다.

에티오피아 예가체프, W, 시티로스트 pH 5.3, 25g 으로 240㎖ 추출

추출시간 **100** 초   Brix **1.3**

매끄럽고, 마시기 편함. 150초 동안 추출하면 약간 바디가 나온다.

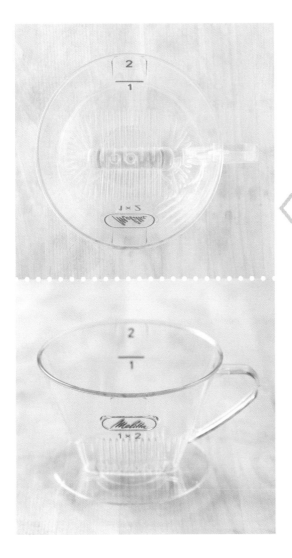

드리퍼

2

멜리타

1구멍

제조사의
추천 추출방법

안쪽에 새겨진 골이 물의 흐름을 제어하는 설계. 커피를 뜸들인 후, 필요한 잔 수만큼 물을 한번에 붓는다. 가루 양과 물의 온도는 커피를 만드는 사람의 취향으로 조정한다.

Comment

물을 한꺼번에 붓지만, 물이 담기는 상태가 되기 때문에 침지법의 요소가 가미된다. 페이퍼드립으로서는 가장 간단한 방법이라고 할 수 있다.

에티오피아 예가체프, W, 시티로스트 pH 5.3, 25g 으로 240ml 추출

추출시간	**90** 초		Brix	**1.2**

가벼우면서 약한 산미. 다른 방법보다 빨리 추출되기 때문에 입자를 조금 곱게 조정해도 좋다.

> ## 제조사의
> ## 추천 추출방법
>
> 93℃의 물을 30㎖ 부어 30초
> 기다렸다가, 3분 이내에 추출
> 한다. 10~12g으로 120㎖ 추
> 출이 기준.

Comment

물이 잘 흐를 수 있도록
리브가 나선형으로 새겨져
있다. 미국에서도 널리 사
용된다.

에티오피아 예가체프, W, 시티로스트 pH 5.3, 25g 으로 240㎖ 추출

추출시간 **120** 초　　　Brix **1.5**

향이 좋다. 어느 정도 바디가 나온다.

> ### 제조사의
> ### 추천 추출방법

물을 소량 붓고 30초 정도 지나면 추출액이 떨어지기 시작한다. 물을 내려놓는 범위를 500원짜리 동전 정도로 하고 조금씩 굵게 부어준다. 목표로 하는 추출량의 1/3이 떨어지면, 그때부터는 물을 붓는 범위를 넓혀 주면서 속도를 빨리한다. 나머지 1/3이 되면 필터의 가장자리까지 한꺼번에 물을 부어주고 그 상태를 유지한 채로 목표량을 추출한다. 마지막 물까지 떨어지지 않도록 드리퍼를 서버에서 내려준다.

> Comment
>
> 리브가 하단부에만 새겨져 있기 때문에 꽉찬 향미의 커피에 어울린다. 드리퍼를 개발한 고코노 후미오 씨는 소량의 물을 끊어주듯이 단속적으로 부어 추출했다. 물줄기를 자유자재로 통제하는 기술이 필요하다.

에티오피아 예가체프, W, 시티로스트 pH 5.3, 25g 으로 240ml 추출

추출시간 **120** 초   Brix   **1.5**

꽉 찬 바디감의 커피가 표현된다.

각양각색의 드리퍼 개발 움직임

코노, 하리오, 칼리타, 멜리타의 페이퍼드립과는 차별화된 독자적 드리퍼 개발이 한창 진행되고 있다. 각양각색의 드리퍼 판매 움직임은 그만큼 핸드 드립이 일상에 깊이 침투한 증거라고 할 수 있을 것이다.

다양한 드리퍼를 제조사가 추천하는 방법을 참고해 실험한 결과, 향미는 드리퍼의 기능성보다 물 붓는 방법과 추출시간에 크게 영향을 받는다는 사실을 확인했다. 이 점을 잘 활용하면 좋을 듯하다.

〈 클레버 침지법

20g의 가루에 95℃의 물을 250ml 부어 4회 교반하여 침지. 향미는 물 온도, 추출시간의 영향을 받기 어려운 경향이 있어 보인다. 투과법에 비해 농축감은 약하지만, 편리한 기구로 안정적인 추출이 가능하다.

브라질 세하도, SW, 풀시티로스트,
20g 으로 250ml 추출
추출시간 4분
pH 5.7   Brix 1.3

※ 모든 온수는 93℃(±2℃)로 추출, 입자는 약간 굵은 정도로 통일해, 제조사 추천방법에 준하여 추출했다.

하리오 스테인리스

처음에 물 50㎖를 붓고 30초 기다린 후, 300㎖를 2분에 나누어 붓는다. 추출액이 빠지는 것을 기다린다. (3분) 추출방법은 뜸들이는 투과법의 페이퍼드립과 동일. 페이퍼가 필요없어 편리하지만, 약간 탁함이 생긴다.

브라질 세하도 , SW, 풀시티로스트, 20g 으로 250㎖ 추출
추출시간 160초
pH 5.7   Brix 1.2

칼리타 글래스 웨이브

처음에 물 30㎖를 붓고 30초 뜸들인 후, 4번에 나누어 총 300㎖를 붓는다. 물이 고이는 구조이지만 글래스 웨이브는 바닥의 구멍이 커서 빨리 빠져, 가벼운 경향의 커피가 된다. 같은 형상의 스테인리스 웨이브는 바닥의 구멍이 작아서 농도가 있는 커피가 만들어진다.

브라질 세하도, SW, 풀시티로스트, 20g 으로 250㎖ 추출
추출시간 110초
pH 5.7   Brix 1.1

LOCA 도자기

추출 전 필터에 미리 온수를 부어준다.
거친 입자 15g에 물을 붓고 30초 뜸들인 후, 3분 정
도에 200~250㎖를 추출한다.
매번 물로 세척하고, 열탕한 후 사용해야 한다. 틈에
미분 등이 끼어서 추출 속도가 느려지게 되면 10분간
삶아준다.

브라질 세하도, SW, 풀시티로스트, 20g 으로
250㎖ 추출
추출시간 200초
pH 5.7   Brix 0.9

※ LOCA는 드리퍼의 사용빈도, 보관상태의 영향을 받기 때문
에, 융처럼 관리가 필요하다.

마운틴 자기

약배전은 중간 정도 입자로, 90℃ 물 300㎖,
강배전은 중간보다 고운입자로, 84℃ 물 250㎖ 추출
한다.
물을 천천히 부어 35~45초 기다렸다가 추출량의 절
반까지는 천천히, 후반부는 빨리 추출한다. 비교적 빨
리 떨어지는 구조.

브라질 세하도, SW, 풀시티로스트, 20g으로
250㎖ 추출
추출시간 110초
pH 5.7   Brix 1.2

드립 샤워란 무엇인가

| 1 | 드립샤워(뜨거운 물을 샤워 형태로 붓는 방식)는 커피메이커로서 당당히 도입되어, 이제는 업소의 한 잔 추출용으로도 사용되고 있다.

 이 방식의 원점은 추출의 불균일함을 없애고 간편하게 하기 위함이었다.

| 2 | 이 방법을 처음 사용한 것은 알루미늄 드립샤워((주)커피사이폰, 판매 종료)인 걸로 기억한다. 페이퍼를 올린 원추 드리퍼 위에 드립샤워를 세트한 뒤 중심의 작은 부분에 물을 붓는다. 처음 한 방울이 떨어진 다음, 전체에 물

세라핌(seraphim)
급배수설비 온수기는 카운터 아래 설치한다.
추출 프로그램을 설정해서 사용한다.

을 투입하면 자동적으로 물이 샤워기처럼 떨어진다.

이 방법은 누구나 간편하게 커피를 내릴 수 있는 추출법이다. 물이 떨어지는 양과 속도가 작은 구멍으로 제어되는 구조로, 잘 만들어진 제품이다.

2~4인용과 10인용이 있는데, 이미 비매품이 되어 30년간 보관하고 있던 것을 이 책을 위해 촬영했다.

|3| 그동안 핸드드립을 간단하게 하기 위한 여러 커피메이커가 개발되어왔다. 최근에는 콩을 가는 그라인더가 내장되어 자동으로 추출되는 커피메이커도 나왔다. 그러나 내가 30년간 커피에 관한 일을 계속해 왔지만, 핸드드립은 지금도 가정에서 가장 많이 사용하는 추출법(SCAJ 2019 시장조사)이다. 핸드드립은 얼핏 귀찮아 보이지만 실제로는 ① 매우 간편하고, ② 빠르고, ③ 무엇보다 자유자재로 향미를 만들 수 있는 방법이다.

푸어오버 드립의
다양화

2010년대에 들어서면서 브루어스Brewers 선수권[1] 등이 확산하면서 에스프레소 이외 추출방법과 기구에 관한 관심이 세계적으로 높아지는 추세다. 한동안 에스프레소 중심이던 추출법에 새로운 가능성을 제기하는 바리스타도 늘고 있다. 특히 미국을 중심으로 푸어오버Pour over라는 용어가 사용되기 시작했다.

샌프란시스코 블루보틀Blu Bottle Coffee(2002년 설립)은 일본의 추출법에 관심을 갖고 페이퍼드립과 사이폰을 사용하며 출발한 대표적 회사다. 이후 리튜얼Ritual Coffee Roasters(2005년 설립)과 포 바렐Four Barrel Coffee Roasters(2008년 설립), 사이트글래스Sightglass Coffee(2009년 설립) 등 마이크로 로스터[2]들이 미 서부연안의 새로운 커피시장을 개척하면서 추출방법도 에스프레소 중심에서 벗어나 다양해지는 상황이다.

한편 서드웨이브의 중심지였던 포틀랜드 스텀타운Stumptown Coffee Roasters과 시카고 인텔리젠시아Intelligentsia Coffee의 로스터도 자사 파일럿숍에서 새롭게 페이퍼드립 추출법을 선보이고 있다. 그들 대부분은 하리오 드리퍼를 사용한다.

---

1 **브루어스 선수권** 추출기술을 겨루는 경연대회. 커피 매력을 이끌어내는 기술적 지식과 함께 참가자의 창의성을 겨룬다. 공식 로스팅 원두가 사용되며, 순수하게 미각만으로 평가된다. 페이퍼드립, 융드립, 프렌치프레스, 에어로프레스 등 수동 기기로 한정되지만, 폭넓은 추출기구 사용이 허용된다.

미국의 추출 혁명

| 1 | 시애틀 스타벅스가 점포 수를 확대하면서 1996년 일본에 진출한 이후 에스프레소에 대한 관심이 높아졌다. 그 후 2000년대에 들어 세계 바리스타 선수권대회가 개최되며 세계의 커피 추출은 에스프레소 머신이 대세로 자리 잡았다. 그리고 십수 년이 지난 후 두 번째 추출 혁명이 일어나기 시작했다.

| 2 | 시카고 인텔리젠시아와 포틀랜드 스텀타운은 한때 하리오 원추 드리퍼를 사용해 페이퍼드립 붐을 이끌었다. 한편 포틀랜드의 마이크로 로스터 코바가 케멕스chemex 용으로 개발된 콘KONE(금속제 원추드리퍼) 필터를 사용하면서 에스프레소 이외 추출법이 다시 유행하기 시작했다.

| 3 | 바리스타들이 드립이라는 추출방법에도 관심을 보이면서, 커피숍 추출은 다양화하고 있다. 일본의 스타벅스 로스터리[3]는 케멕스[4], 오리지널 드리퍼(도기 1구멍), 드립샤워, 사이폰 등을 활용해 다양한 추출을 하고 있다. 각사의 드리퍼를 사용해 추출(119~121쪽)해 보았다.

---

2 **마이크로 로스터** 점포 내에 소형 로스터를 설치하고 원두를 판매하는 업소. 보통은 커피(에스프레소 머신을 사용)도 마실 수 있다. 일본 자가배전점과 같은 업태지만 업무용 커피 판매에 주안점을 두는 경향이 강하며 미국 시장에서 급속하게 성장 중이다.

3 **스타벅스 로스터리** 스타벅스가 운영하는 새로운 형태의 점포. 시애틀, 상하이, 밀라노, 뉴욕에 이어 일본은 다섯 번째로 개점했다.

4 **케멕스** 접은 페이퍼를 용기에 끼워 추출하는 방식. 그에 맞는 스테인리스 필터가 개발되었다.

SCA 전시회

SCA 전시회

시카고 인텔리젠시아

SCA 전시회

LA 인텔리젠시아

시애틀 스타벅스 1호점

포틀랜드 스텀타운

포틀랜드 코바

중간 굵기 25g
90~96℃ 온수
350ml

1 커피가루 중앙에서 조금씩 물을 붓는다. 서버에 1~2방울씩 떨어지는 정도, 20~30초 뜸들인다.

2 물을 천천히 조금씩 중앙에 부어, 가루가 충분히 부풀어 오르게 한다.

3 2회째 부은 물이 다 떨어져 내리기 전에 3회째 물을 붓는다.

4 필요한 양이 되면 커피가 드리퍼에서 다 빠져 나오기 전에 서버에서 드리퍼를 내린다.

수마트라 만델린, 수마트라 방식,
프렌치 pH 5.8
25g 으로 350ml 추출 　　추출시간 **150** 초 　Brix **1.2**

코스타리카 따라주, PN, 시티 pH 5.5
25g 으로 250ml 추출 　　추출시간 **150** 초 　Brix **1.5**

중간 굵기 25g
93℃ 온수
350ml

1 Coava 커피로스터(포틀랜드)가 KONE BREWING SYSTEM이라는 이름으로, 케멕스용으로 개발해 Able Brewing사가 판매하고 있다. 처음에 50㎖를 붓고, 30초 기다린 뒤, 400㎖를 2분에 부어, 추출액이 떨어지기를 기다린다.

수마트라 만델린, 수마트라 방식,
프렌치 pH 5.8
25g으로 350ml 추출

추출시간 **130** 초　Brix **1.1**

코스타리카 따라주, PN, 시티 pH5.5
25g으로 250ml 추출

추출시간 **130** 초　Brix **1.5**

중간 굵기 25g
93℃ 온수
350ml

① 4개 구멍 드리퍼. 피츠커피
가 2002년 일본에 진출할
당시 방일한 CEO에게 받은
드리퍼. 처음 물 50㎖를 붓
고, 30초 기다렸다가, 400㎖
를 2분에 부어, 추출액이 떨
어지기를 기다린다.

수마트라 만델린, 수마트라 방식,
프렌치 pH 5.8
25g으로 350ml 추출　　　　　추출시간　**130** 초　Brix　**1.0**

코스타리카 따라주, PN, 시티 pH 5.5
25g으로 250ml 추출　　　　　추출시간　**130** 초　Brix　**1.5**

* 코바 및 피츠커피&티에 관해서는, 추출방법이 불명확하기 때문에 스타벅스 방법에 따랐다.

•••

4

SCA 의
추출방법

Guidelines for
Brewing with a
Two Cup Pour Over
by SCA

• • • •

SCA 추천 2 잔용
커피 추출법

Step 1

Begin with clean equipment.

모든 도구를 청결하게 한다.

Step 2

Place filter in pour-over brew basket and set on top of decanter. Preheat by pouring hot water through. Discard this water.

드리퍼에 필터를 세팅한다. 서버에 예열용 온수를 넣고, 이후 버린다.

Step 3

Place the brew basket with filter on a cup, and put everything on the scale. Add the coffee to the filter and then tare the scale.

2를 서버에 올린 뒤 정량의 커피가루를 드리퍼에 넣는다.

Step 4

Start the timer and pour 50 grams of water over the coffee. Make sure to saturate all the grounds thoroughly.

타이머를 작동하고, 50ml 온수를 커피에 붓는다. 커피에 물이 침투하게 한다.

Step 5

Allow to bloom for 30 seconds.

30초 뜸들인다.

Step 6

Continue to slowly pour the remaining 350 grams of hot water over the coffee for the next 2:30 to 3 minutes, keeping the brew basket halfway filled with water during the brew process.

필터 안의 커피가 부푼 상태를 유지하면서, 2분 30초에서 3분에 걸쳐, 남은 물을 붓는다.

Step 7

When all the water has been poured over the grounds and the filter has begun to drip very slowly, remove and discard the filter.

준비된 물을 전부 부으면, 가루 거품이 다 꺼지기 전에 드리퍼를 서버에서 내려놓는다.

PARAMETERS / 준비할 사항

Your Two-Cup Pour-Over Brewer
2잔용 푸어오버 드리퍼

Coffee : 22grams set at medium-fine grind
중간 굵기 커피가루 22g

Water : 400 grams or milliliters at 20093.5 for brewing
예열을 위한 93.5℃ (200 ℉) 물 400ml

Additional water at 200 ℉ /93.5℃ for preheating
93.5℃ (200 ℉) 물 400ml

Filters: #2 size Decanter Gram scale
#2 사이즈 필터

Brewing time / 추출시간

Between 2:30 and 3minutes
2분 30 초 ~3 분

※ SCA에서는, 가루의 양과 물 양의 비율을 1:18전후로 권장한다. 일본의 감각에서 보면 가루의 양에 비해, 물 투입량이 약간 많은 편이다.

나의 추출방법

나는 개업(1990년)하기 전 1년간은 매일 추출 연습을 했다. 드립포트에서 물을 내려놓는 양을 조절하고 목표 지점에 물을 정확히 떨어뜨리는 기술을 연습했다. 그리고 개업 후에는 1일 100잔 커피(1잔 500엔, 리필 50엔)를 페이퍼드립한 덕분에 향미를 컨트롤할 수 있게 되었다.

당시는 커피숍에서 생두 품질이나 로스팅 기술보다는 추출기법에 집중하는 시대였고, 그 방법은 10인10색이었다. 현재는 품질이 뛰어난 생두가 많고 소형 로스터의 성능도 향상되면서 향미가 풍부한 원두들이 유통되고 있다. 정보원도 다양해지고 인터넷으로 쉽게 추출방법을 알고 배울 수도 있게 되었다. 각종 대회도 열리면서 많은 커피 관계자들이 진지하게 추출에 대해 고민하고 있다.

그러나 정보의 확산은 거꾸로 '어떤 방법이 좋은가' '누구의 방법을 참고하면 좋은가?'를 애매하게 만들었다. 추출방법이 다양해진 것이 오히려 초보자에게 혼란을 초래한 셈이다.

나는 지금까지 10권의 책을 냈는데, 주로 생두의 품질에 관한 저서였다. 반면 추출에 대해서는 자세히 말하지 않았다. 10년 만에 발행하는 이 책에서는 커피의 마감 단계인 추출에 초점을 맞추었다.

호리구치커피연구소의 추출법은
바디(body)감을 표현하는 추출방법

| 1 | 드립은 '커피의 순수한 성분을 용해하고 침출시켜 여과하는 것'이다. 원추 드리퍼는 물을 소량씩 단속적으로 부어주는 것으로, 최초에는 상부의 가루층 성분을 용해하고 그것들이 중앙부, 하부로 온수와 함께 거쳐 나가면서 농축된 추출액을 얻을 수가 있다.

하리오는 리브(골)가 나선형으로 새겨져 있으며 코노는 짧은 리브로 되어 있어서, 코노 쪽이 조금 천천히 물이 빠져나온다. 단 이 기본 추출방법으로 같은 시간 동안 추출해 블라인드 테스트를 한 결과, 의외로 두 가지를 구별하기 어려웠다.

| 2 | 커피 향미의 윤곽을 형성하는 것은 주로 산미와 바디이다. 산미는 로스팅한 원두에 함유된 총산량(적정산도 6~8ml, 100g)에 기인하고 그들은 유기산으로 미량 추출된다. 총지질량 및 메일라드 반응에 의해 자당+아미노산의 영향을 많이 받는 바디body는 추출기법에 따라 편차가 큰 것으로 보인다.

| 3 | 나는 강배전이라 할지라도 산미와 바디의 밸런스가 좋은 향미의 커피를 지향한다. 호리구치커피연구소의 추출법은 커피 성분을 충분하되 과하지 않은 정도로 추출하는 방법이다.

| 4 |　약간 굵은 커피가루 25g를 준비하고, 93℃의 물(최초 가루와 접촉할 때의 온도)로 2분 30초 걸려서 240ml를 추출한다(128~129쪽). 나는 로스팅 강도에 상관없이 이 레시피로 추출해 모든 콩을 테이스팅한다.

단, 향미를 즐기기 위해서는 가루의 양과 추출시간을 수정한다.

| 5 |　물 붓는 방법의 기본은 두 가지로 요약된다.

① 굵지 않게, 가루에 물이 침투할 정도로만 가늘게 붓는다.

② 드리퍼의 중심에 부으면서 물이 옆면으로 바로 빠지지 않도록 주의한다.

물 붓기

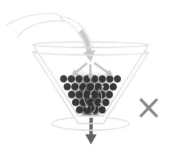

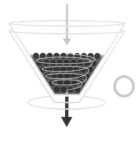

|6| 기본 추출법의 응용으로, 추출시간을 바꾸어 연습해보자. 향미가 크게 달라지는 것을 알 수 있다. 품질이 좋은 커피라면 1분 30초~3분 내로 내릴 경우, 안 좋은 맛은 나오지 않는다.

처음 1분 안에 농후한 액체를 추출하고, 다음 1분 30초에 100~120ml 추출한다.

기본추출 응용   시티로스트, 25g으로 240ml 추출, 코노 원추

	추출시간	첫 방울	30ml	100ml	Brix
1	3 분	40 초	90 초	120 초	2.0
2	2 분 30 초	30 초	60 초	90 초	1.8
3	2 분	20 초	50 초	70 초	1.8
4	1 분 30 초	20 초	40 초	60 초	1.5

※ 첫 방울이 떨어지기 전까지 커피의 성분이 용해된다. 그 몇 초간에 대략적인 맛의 윤곽이 결정된다. 2가 표준 방법. 농후한 향미를 원할 경우에는 1, 묽게 마시고 싶을때에는 3 또는 4를 선택하면 된다.

기본
추출방법

하리오 드리퍼 사용

1 가루를 평평하게
하고, 향을 맡는다.

Point | 가루의 향을 맡는
습관을 들이면 차이를 알 수
있게 된다.

2 93℃의 물을 가루
의 중심에 10㎖ 정
도 붓는다.

Point | 온수는 소량씩 천
천히 부어준다.

3 다시 10㎖ 붓고, 20~30초 후에 추출액이 한 방울 떨
어질 때까지, 이를 반복한다.

Point | 최초 한 방울(퍼스
트 드롭: FD)이 떨어질 때까지
몇 초인가는 향미에 크게 영
향을 준다. 농후한 향미를 추
구하는 경우에는 FD까지 40
초 걸리도록 물을 붓는다.

4 FD 이후에는 물의 양을 늘려, 가루의 중심에서 바깥쪽을 향해(500원짜리 동전 크기의 범위)에 원을 그리듯 붓고, 평평해지면 다시 물을 붓는다.

Point | 포트 추출구를 가루에 가깝게 하고 물을 붓는다. 물은 수직 또는 옆에서 침투한다. 드리퍼 벽면에 가깝게 부으면 드리퍼의 옆으로 물이 빠져버린다.

5 1분 30초에 약 100㎖ 정도 추출한다.

Point | 저울과 타이머로 추출량과 시간을 보면서 추출한다.

6 물 붓는 양을 좀 더 늘려서 남은 1분 안에 140㎖를 추출한다.

Point | 추출을 종료했을 때, 가루는 함몰되지 않은 상태가 된다.

20ml – 10초 리듬 추출법

| 1 | 가능한 한 향미가 균일하도록, 규칙적으로 간단하게 추출하는 방법이 바로 '20ml–10초 추출법'이다. 커피가루 25g으로 240ml를 추출한다고 가정해보자.

| 2 | 먼저 가루에 20ml 정도의 온수를 가루의 중심부터 바깥쪽으로 향해 원을 그리듯 부어준다. 물을 붓기 시작한 시점부터 10초(물을 붓는 시간을 포함해서) 기다린 후 다시 20ml를 붓는다. 다시 10초를 기다린 후 20ml를 붓는 작업을 2분 30초 전후까지 반복하며 약 300ml의 온수를 부어 240ml 정도를 추출할 수 있다.

| 3 | 물의 양을 조절하는 일은 계량컵을 사용할지라도 완벽하게 지키기 어렵다. 따라서 반복적인 연습을 통해 물의 양과 추출 속도의 감각을 익힐 필요가 있다.

 일정한 리듬으로 온수를 붓는 방법은, 리듬 추출법이라고 불러도 무방하다. 기본 추출 연습법이기 때문에 품질이 좋은 원두라면 이 방법으로도 맛있는 커피가 추출된다.

스터러(stirrer) 추출법

1 스터러(Stirrer, 자력을 이용해 교반자를 회전시켜서 액체를 교반하는 장치) 위에 유리 포트나 비커 등 용기를 준비해 교반자(자석)를 넣는다. 2인용 유리 포트에 커피가루 25g과 93℃의 온수를 300ml 넣어 3분 교반한 후 페이퍼로 걸러낸다. 향미의 불균일함이 적은 추출법이라고 할 수 있다. 스터러는 저렴한 것은 5,000~10,000엔(5만~10만 원)에 구매할 수 있다.

2 대학원에서 pH나 적정 산도를 측정할 때 추출의 불균일함을 없애기 위해 스터러 추출법을 선택했다. 다만 가루를 체에 걸러 입자[1]를 곱게 한 탓에 페이퍼로는 걸러낼 수가 없어 강제 흡입 기구를 사용했다. 로스팅 및 분쇄한 시료 5g(미디엄로스트, L 22.2~23.2)을 200ml 비커에 넣어 93℃ 물을 붓고 스터러로 3분간 교반 추출한 후 유리섬유 여과기로 여과했다.

3 미각센서의 시료를 만들 때도 이 방법을 채택했다. 중간 굵기 시료 10g(L 22.2~23.3)을 200ml 비커에 넣고 93℃ 물 120ml를 부어 3분간 스터러로 교반했다. 코노 드리퍼를 사용해 페이퍼로 여과한 뒤 급랭 후 상온으로 만들어 미각센서로 측정했다.

---

1 **입자** 실험에서 사용할 때 배전 강도나 입자를 어느 정도 할 것인가에 대해, 정해진 방법이 없어서 시행착오를 거칠 수밖에 없었다.

융드립에 대해

|1| 융은 페이퍼 필터보다 추출 틈이 성기고 성분 흡착이 적다는 특징을 지닌다. 뜨거운 물을 부어 커피 층을 통과시키는 기본 추출법이라면, 융은 보다 많은 커피 성분 추출이 가능해 강배전에 적합하다. 페이퍼드립의 장점으로 클린한 향미를 들 수 있다면, 융드립의 강점은 바디감 있는 향미를 만들어내는 것이다. 융드립 커피의 액체는 매끄러운 점성과 농축감이 강하다. 프렌치로스트 커피를 융으로 추출하면 단향이 풍부해진다.

액체는 농후하고 부드러운 쓴맛 가운데 단맛을 느낄 수가 있어 커피의 진면모를 체험할 수 있을 것이다.

|2| 융 추출은 페이퍼보다 향미에 영향을 주는 변동 요인이 많아서 향미를 안정시키기 위해서는 추출기술이 필요하다.

❶ 융의 형상(깊이가 있는, 폭이 넓은), 두께(원단의 질), 기모(편기모 혹은 양기모) 등에 따라 추출 속도가 달라지기 때문에, 각각의 직물 특징을 먼저 파악하고 추출해야 한다.

❷ 젖은 상태의 융을 사용한다. 타월에 눌러 수분을 어느 정도 빼내는지에 따라서도 추출 속도가 달라지기 때문에 융의 상태를 일정하게 해줄 필요가 있다.

❸ 융의 사용횟수에 따라 천 조직 사이에 남는 미분의 영향으로 향미가 바뀔 수도 있다. 따라서 사용횟수에 맞춰 추출 속도를 미세하게 조정해줄 필요가 있다.

❹ 원두는 로스팅한 날부터 향미가 변화하기 때문에 경과일수와 ❶~❸의 융 상태를 파악하여 적절한 추출을 해야 한다.

융드립으로 매회 균일한 향미를 유지하기 위해서는, 추출기법을 미세하게 조정해줄 필요가 있다.

|3| 융 보관방법은 천이 마르지 않도록 물에 담가 보관하며, 사용하는 물을 깨끗하게 주기적으로 바꿔 주어야 한다. 장기간 보관할 경우, 물기를 빼서 냉동용 보관용기 등에 넣어 냉동 보관해도 좋다. 50회 정도 사용하면 새로운 것으로 교체하는 것이 일반적이다.

편기모와 양기모

편기모 융 추출의 경우, 온수를 부으면 기모가 일어나기 때문에 물이 측면으로 빠져나가지 않도록 기모를 바깥쪽으로 하는 게 좋다는 의견과 기모를 안쪽으로 해야 더 농후한 향미가 된다는 의견이 있다. 그러나 Brix 수치 및 관능 평가 결과 양쪽의 큰 차이는 보이지 않았다.

대부분의 커피집 주인은 융의 형상, 융의 누임 형태, 2매 겹치기, 3매 겹치기, 편기모, 양기모 등 각자 좋은 점을 주장하며, 한 잔 추출 혹은 여러 잔 추출 등 다양한 방법에 사용하고 있다. 가장 좋은 방법은 각자 테이스팅을 통해 향미를 판단하는 것일 듯하다.

융은 물에 담가둔다.

|4| 융을 사용할 때는 페이퍼보다 엄밀한 레시피가 필요하다. 아래의 레시피는 내가 융드립 전문점을 위해 개발한 것이다. 쇼와시대에는 융틀[2]에 0.5파운드(약 225g) 또는 1파운드(약450g) 융을 세트(클립을 끼우는 등)한 뒤 200~250g 또는 400~500g의 가루를 사용해 추출하는 전문점도 많았다. 페이퍼드립으로 한 잔 추출하는 게 보급되기 전의 모습이다. 본래 융은 100g 이상의 가루로 추출하면 농후하고 맛있는 향미를 만들어낸다.

그러나 대량의 커피 추출액은 산소와 결합해 산화할 가능성이 높아서 신선하고 섬세한 느낌이 떨어질 수밖에 없다. 또 가열하면 향미가 날아가기 때문에 가능한 한 단시간에 추출해 곧바로 제공할 필요가 있다.

호리구치커피연구소 융드립 레시피 융/하리오1-2인용

로스트	하이	시티	프렌치	카페오레	아이스
사용량/g	20	22	25	25	30
첫방울	35~45초	40~45초	50~60초	50~60초	70초
1분 30초	45㎖	20~30㎖	5~10㎖	5~10㎖	5㎖
2분	130㎖ 종료	60~70㎖	20~30㎖	20~30㎖	10㎖
2분 30초		130㎖ 종료	60~70㎖	60~70㎖	30~40㎖
3분			130㎖ 종료	110㎖ 종료	50~60㎖
3분 30초					80~85㎖
4분					130㎖ 종료
pH	5.1	5.4	5.6		5.7
Brix	1.5	1.5	1.5		1.8
2잔용	30g+1분 260㎖	32g+1분 260㎖	35g+1분 260㎖	35g+1분 220㎖	40g+1분 260㎖

농축액(엑기스) 추출에 도전하다

| 1 | 이 책에서 말하는 커피 엑기스[3]는 농후하고 농축감이 있는 커피를 일 컫는다. 엑기스 추출을 위해서는 탄맛이나 연기 냄새가 없는 프렌치로스트의 커피로, 일반적인 추출량에 비해 2~3배 정도 많은 가루를 사용한다. 유감스럽게 통상 추출량과의 성분치 차이까지는 알 수 없지만, '쓴맛 속에서도 단맛과 감칠맛을 좀 더 잘 느낄 수 있는 커피'라고 할 수 있다. 페이퍼드립으로 기본 추출한 Brix 1.4 정도 커피보다 농도가 높은 Brix 4.0가량의 커피가 된다 (에스프레소 더블일 경우 소량의 지질이 용해되므로 10브릭스까지 올라간다).

| 2 | 프렌치로스트 원두 55g, 입자 중간 정도, 물 온도 93℃로 시작. 코노 4인용 원추 드리퍼로 5분 30초 동안 200~300ml 추출한다. 농후하기 때문에 데미타스 잔으로 100ml 이내로 마시는 게 적당하다.

| 3 | 부드러운 향미의 감각을 표현하려면 기본 추출보다 2~3배 시간이 걸리므로 물을 아주 조금씩 부어주어야만 한다. 물 붓는 방법이 매우 중요한 요소가 되므로 가루에 부드럽게 스며들게 하는 감각이 필요하다. 따라서 풍부한 미각과 함께 추출기술도 중요해진다.

---

2 **융틀** 융드립용으로 개발된 스테인리스 기구.
3 **엑기스** 일반적으로 약물과 식품의 유효성분을 물, 알코올, 에테르 등에 녹여 추출하는 농축액을 말하는데, 이 책에서는 고농도로 추출한 커피를 의미한다. 공장제조품인 캔커피나 페트병 커피 등의 RTD(Ready to Drink) 제품에 사용되는 커피 엑기스는 농축을 반복해 Brix 20 정도로 만든 것이다.

농축커피(엑기스) 추출방법

1 가루에 한 방울씩 온수를 떨어뜨린다. 가루 전체에 물이 침투할 때까지 천천히 부어준다.

2 1분에서 1분 30초에 첫 방울이 떨어진다. 5㎖ 정도씩 물을 중심에서 바깥쪽을 향해 부어간다.
단향이 올라오기 시작한다.

3 가루 전체에 물이 침투하며 부풀어 오른다. 성분이 용해되어 침출되면서, 소량의 농후한 추출액이 떨어지기 시작한다. 4분에 120㎖ 정도를 추출하면, 물줄기를 약간 굵게 붓는다.

4 5분에 240㎖ 정도 추출을 목표로 물을 부어준다. 5분 30초 동안 300㎖ 정도의 추출을 목표로 한다. 추출액은 농후하지만, 잘 추출하면 매끄럽고 부드러운 쓴맛을 느낄 수 있다.

엑기스 추출 레시피 케냐 키리냐가, W, 프렌치로스트, pH 5.6

로스팅	분쇄량	FD	추출시간	추출량	pH	Brix	향미
프렌치	55g	80초	330초	300ml	5.6	4.0	달고 농후

※ 시티로스트까지 로스팅된 것을 사용하면, 산미가 강해진다. 추출 과다로 향미는 무거워지는 경향이 있다. 로스팅 과정에서 수분이 빠지며 생성되는 메일라드 화합물의 복합적인 단맛과 감칠맛이 많이 나는 것으로 유추되는 강배전의 원두에 어울린다고 할 수 있다.

미분이 신경쓰이지 않는다면, 프렌치프레스는 간단하고 편리한 추출방법

|1| 프렌치프레스는 누구든 간편하게 사용할 수 있다. 프레스 용기에 가루를 넣고 뜨거운 물을 부은 뒤, 가볍게 교반해 가루와 물이 접촉한 상태에서 3분 전후 성분을 추출한다. 마지막에 금속필터를 눌러 가루를 하단에 압착시킨다.

|2| 이 방법은 마지막까지 가루가 물 안에 있는 것으로, 강배전일 경우 쓴맛이 강하게 배어 나온다. 따라서 미디엄이나 하이로스트 커피에 적합하다고 알려져 있다. 다만 프렌치프레스를 실제로 사용해본 결과, 적절히 로스팅한 커피라면 미디엄에서 프렌치로스트까지 폭넓은 배전에 적용 가능한 것으로 보인다.

|3| 금속필터를 통해 미분이 빠져나오기 때문에 추출액이 어쩔 수 없이 탁해지고 관능적으로 텍스처인 바디(매끄러움과 점성)를 방해할 수도 있다. 이 점이 이 기구를 사용할지 말지 선택하는 기준이 될 듯하다.

|4| 종종 '오일 성분이 추출되기 때문에 향미가 좋다'는 사람도 있지만 온수 추출로는 지질[4]은 용해되지 않는다. 다만 강배전일 경우 유지가 원두 표면으로 흘러나온다. 이 유지는 프렌치프레스나 융드립처럼 조직의 눈이 큰 소재로 여과하면 투과되어 추출액 표면에 뜨지만 미량이다. 그렇다고 추출액

---

4 **지질** 지질은 유기용매(클로로포름, 에테르, 메탄올 등)에 녹지만 물에는 녹지 않는다.

농도Brix가 높아지는 것은 아니고, 이로 인해 바디감 있는 커피가 만들어지는 것도 아니다. 참고로, 에스프레소의 경우 30ml당 0.1g의 크림화한 지질이 용해[5]된다.

프렌치프레스는 2인용부터 3~4인용까지 다양한 크기의 것들이 판매되고 있다.

|5| 하이로스트(pH 5.2)의 중간 굵기 가루 20g를 사용해 프렌치프레스로 추출 차트(139쪽 표)를 작성해 보았다. 프렌치프레스는 가루를 많이 사용하면 무거운 맛이 되기 쉽다. 가루의 양을 줄이거나 추출시간을 짧게 해 깔끔한 향미의 커피를 목표로 하는 것이 좋다. 다만 그렇게 하면 기본 페이퍼 추출보다 브릭스는 낮아진다. 즉 향미의 농축감을 원하기보다 가벼운 향미를 추구하는 사람에게 어울리는 추출법이다.

---

5 《과학으로 맛보는 커피의 매력》Emesto Illy, 닛케이사이언스, 2002

프렌치프레스 추출차트 하리오올 브라이트 2잔용을 사용

과테말라 파카마라, 하이로스트 pH 5.2, 300ml 온수, 4분, n=13

	2분	3분	4분	5분
10g	0.45 묽음. 홍차 같음	0.45 묽음. 홍차 같음	0.70 보리차 같은. 약간 커피감	0.90 마시기 편하고, 산미와 단맛이 나옴.
15g	0.75 묽음 흐릿하게 단맛	0.85 향이 좋음. 화사함과 단맛, 바디감	0.85 산미, 바디감의 밸런스가 좋음. 단맛	1.15 탁함, 떫은맛. 맛이 혼탁함.
20g	0.85 부드러운 산미 단 여운, 가벼움	1.30 산미, 바디, 단맛의 밸런스가 좋음.	1.30 명료한 산미, 바디감도 있고 베스트.	1.35 가루가 느껴짐. 떫은맛. 산미는 약함.
25g	1.25 산미 명확함 약간 바디감.	1.40 산미가 혼탁함에 지워짐. 약간 가루맛.	1.85 명확한 맛. 가루맛	2.00 농후, 가루맛 가루가 입안에 남 음.

수치는 Brix n=13평균치이지만, 약간의 불균일함.
10g의 경우 5분 추출하면 마시기 편한 커피가 됨.
15g의 경우 3분과 4분 모두 산미, 바디, 단맛의 밸런스가 좋은 가벼운 커피.
20g의 경우 3분, 4분 모두 명확한 산미와 바디감이 있음, 밸런스가 좋음.
25g의 경우 가루가 많고 탁한 느낌이며, 2분이면 괜찮은 정도의 향미.
2분은 성분의 용해가 불충분하지만, 25g 사용하면 향미가 나옴.
5분은 추출 과다가 되어 떫은맛이 나오는 경향이 있지만, 10g이면 마시기 수월한 커피가 됨.

아이스커피는 이제 전 세계인이 마신다

① 급랭법

내가 개업을 하던 1990년에는 급랭법으로 아이스커피를 제공하는 곳이 거의 없었다. 따라서 아이스커피 보급을 위해 매장에 이 제조법을 도입했다.

아이스커피 한 잔을 추출하기 위해서는 20~25g(중간 굵기) 프렌치로스트로 100~120ml를 온수 추출한 뒤 얼음 넣은 컵에 부어 급랭한다.

아이스오레 등 우유를 넣을 경우, 농도가 강한 추출액이 아니면 묽어지므로 1L용 융에 100g 프렌치로스트 가루로 800ml를 추출해 냉장고에서 식힌다. 이를 1일 수 회 섞어준다. 매장에서는 당일 소진할 수 있지만 가정에서는 다음날까지 사용해도 좋다. 품질이 좋은 커피는 혼탁해지지 않고 맛도 떨어지지 않는다.

품질이 좋은 원두라면 투명한 아이스커피가 된다.

아이스커피
(급랭법)

프렌치로스트 가루로 진하게 추출한 커피 (136쪽 농축엑기스를 참조)를, 얼음 넣은 컵에 부어 만든다. 얼음이 녹으면 묽어지기 때문에 진하게 추출해야 한다.

아이스커피
(냉침법)

프렌치로스트 가루 50g과 물 650㎖(~800㎖)를 용기에 넣은 뒤 냉장고에서 8시간 정도 또는 하룻밤에 걸쳐 우려낸다. 취향에 맞게 가루의 양을 조정한다. 사진은 하리오, 냉침커피포트.

② 냉침법

2010년대 미국에서 콜드브루Cold Brew라는 냉침추출 커피가 등장하는데, 본래 몇몇 일본 커피숍에서 제공하던 것이다.

커피의 성분은 물에 용해되지만, 시간이 다소 걸린다.

한 방울씩 물을 떨어뜨리는 업무용 기구는 오래전부터 사용돼왔으며, 8~12시간 사이에 물이 다 떨어지도록 양을 조절하는 구조다. 가정에서는 용기에 가루와 물을 넣어 여러 시간 기다린 후 적당한 농도가 되면 페이퍼로 거른다. 냉침 전용 기구도 많이 판매되고 있다.

냉침할 경우 쓴맛이 부드러워지는 반면 향은 약한 느낌이다.

단맛과 쓴맛은 약하고 산미는 잘 느껴지기 때문에 약배전보다 강배전 커피를 사용하면 커피다운 맛을 얻기 수월하다.

고온에서 추출할 때보다 향미가 오래간다. 냉장고에 보관할 경우 24시간 정도라면 향미의 변질은 적을 것이다.

수마트라 만델린, 프렌치로스트, pH 5.8

	시간	분쇄가루	추출량	테이스팅
급랭식 2인용	3분	25g	160ml	향이 좋은 아이스커피
급랭식 4인용	5분	50g	320ml	농후한 향미의 아이스커피
냉침지법	8시간	50g	580ml	깔끔한 향미의 아이스커피

추출에 의한 향미의 변동 요인에 대해

좋은 재배환경에서 수확해 제대로 된 정제 과정과 적절한 유통을 거쳐 소비국에 도착한 커피는 분명 맛있을 것이다. 지금까지 많은 이들은 '좋지 않은 향미를 어떻게 하면 좋게 만들 수 있는가'라는 관점에서 커피를 연구한 측면이 강했다. 하지만 지금은 열화되지 않은 고품질 생두, 잘 로스팅한 원두를 얼마든지 구할 수 있는 시대다.

극단적인 표현을 빌리자면 '좋은 커피를 사용한다는 전제 아래 보통 수준의 추출을 할 경우, 추출시간 차, 물 온도 차, 분쇄 정도 차, 추출량의 차, 분쇄가루 양의 차는 큰 문제가 되지 않는다'고 할 수 있다. 이 장에서 함께 차트를 만들다 보면, 이 말을 충분히 이해할 수 있을 것이다.

좋은 커피는 pH와 Brix에 차이가 있을지라도 각각의 맛있음을 지닌다.

요점은, 다양한 요인으로 인해 '향미가 바뀐다'는 사실을 이해하면 되는 것이다. 드립에 의한 추출액은 최종적으로 개인의 경험치와 감성에 따른 산물이기 때문이다.

커피 추출액의 98.6%는 물, 향미에 미치는 영향은 매우 크다

| 1 | 커피 추출액의 98.6%는 수분이며, 물은 향미에 크나큰 영향을 미친다. 천연수에는 주로 칼슘이온과 마그네슘이온이 함유되어 있는데, 물 1000ml에 녹아 있는 칼슘과 마그네슘의 양을 나타낸 수치를 '경도'라고 한다. WHO(세계보건기구)의 기준으로는 경도가 0~60mg/L 이하를 '연수', 120mg/L 이상을 '경수'라고 한다. (한국이나) 일본의 경우 수돗물 중 경도 100mg/L 이상의 지역은 거의 없어서 대부분 연수에 속한다.

| 2 | 세계의 수질은 각기 달라서 최근 브루어스 컵Brewers Cup에서는 칼슘을 5ppm(5mg/L) 첨가하는 사례도 있었다. 그러나 미네랄을 첨가하면 수질 조건이 변하기 때문에 어떤 형태로든 규제가 필요하다고 본다.

| **3** | 원두의 기본성분 중 회분(미네랄)은 4% 전후 함유되어 있다. 추출액 150ml당 미네랄 성분을 보면 칼륨이 65mg(150ml당)으로 압도적으로 많고, 마그네슘 6mg, 칼슘 2mg, 나트륨 2mg 등이다.

미네랄의 맛은 일반적으로 칼륨(신맛), 칼슘(쓴맛+짠맛), 마그네슘(쓴맛), 나트륨(짠맛) 등이라고 한다. 이들의 조성이 커피 향미에 영향을 줄 가능성이 있다(147쪽 표 참고).

| **4** | 시판되는 물과 수돗물로 커피를 추출해 테이스팅하고, 미각센서에 걸어보았다. 일반적으로 알려진 것처럼 연수는 커피의 산미와 바디 밸런스에 적합하다. 미네랄 함유량이 낮은 물은 커피를 과잉추출하게 되는 경향이 있다고 알려졌지만 그런 일은 없다. 오히려 결점두가 적은 SP의 경우 미네랄이 적은 순수나 연수 쪽이 커피 본래의 향미를 끌어낸다.

| **5** | 수질은 지역마다 차이가 나기 때문에 같은 콩을 사용해도 지역에 따라 향미가 달라지는 듯하다. 정수기는 기본적으로 인체에 영향을 주는 화학성분 등을 제거해 안전하고 맛있는 물을 만드는 걸 목표로 한다. 일반적인 가정용 정수기는 활성탄을 이용해 잔류염소와 염소취, 곰팡이취, 수도관의 녹취 등을 제거해 주기 때문에 커피 추출에 적합하다.

---

1 **순수(mQ)** 초순수제조장치 '밀리큐'로 만든 초순수를 가리키며, 이온교환수지를 이용하고 있다. 초순수는 수중의 불순물을 최대한 제거해 순도가 매우 높은 물이다. 대학의 연구실에서 사용하고 있다.

물에 의한 향미의 차

에티오피아, 하이로스트, 20g에 250ml의 온수를 부어 클레버로 4분간 추출

pH ①은 물, pH ②는 커피추출액, 미네랄 수치는 mg

물 종류	경도	pH (1)	pH (2)	향미	Brix
순수 (mΩ)[1]		7.0	5.0	부드러움, 매끄러움, 산뜻한 감귤계의 산미, 클린, 향이 좋음	2.0
수돗물	60mg/L	7.4	5.1	후미에 강한 산미, 약간 무겁고 살짝 잡미도 섞임	1.8
연수 (일본)	30mg/L	7.1	5.0	매끄러운 감촉과 산미, 클린하고 좋은 향미 Mg0.1~0.3/Ca0.6~1.5/Na0.4~1.0/K0.1~0.5	2.0
경수 (프랑스)	304mg/L	7.4	5.4	마그네슘이 많고 쓴맛, 맛의 여운이 무거움, 액체에 혼탁함이 나옴 Mg2.6/Ca8.0/Na0.7	1.9
온천수 (일본)	1.7mg/L	9.5	5.4	매끄럽고 마시기 편함, 커피의 산미가 나오기 어려움 Mg0.01/Ca0.05/Na5.0/K0.08	1.9

Mg=마그네슘, Ca=칼슘, Na=나트륨, K=칼륨

미각센서 결과   순수와 연수는 산미가 도드라지며, 향미의 밸런스가 좋음

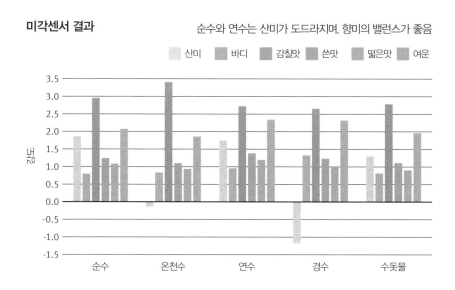

물의 온도는 추출시간과 상호보완적인
관계에 있으며, 맛의 질감에 영향을 준다

| 1 | 추출 때 사용하는 물 온도를 놓고 80~95℃까지, 다양한 견해가 있다. 이 책에서는 85~95℃를 권장하지만 실험에서는 93℃로 추출했다. 미국에서도 90℃ 전후를 권장하는 사례가 많으며 SCA 커핑 프로토콜도 93℃이다.

그러나 물의 온도와 추출시간은 상호보완적인 관계에 있으며, 한쪽의 조건을 변경할 때에는 다른 한쪽을 보완, 조절함으로써 어느 정도 유사한 추출을 할 수 있을 듯하다. 가령 80~85℃ 물일 경우, 93℃에 비해 추출시간을 길게 하면 성분 용해도를 유사하게 만들 수 있다. 일반적으로 고온의 물에서는 쓴맛 성분이 강하게 나오기 때문에 온도가 높은 물을 추출에 이용할 경우 추출시간을 짧게 잡거나 입자를 조금 굵게 하는 식으로 대응하면 된다.

| 2 | 추출하는 물의 온도는 추출액 온도에도 영향을 준다. 나는 뜨거운 커피를 좋아하기 때문에 추출기구를 데운 후 93℃의 물을 사용한다. 물의 온도는 분쇄가루에 처음 닿을 때를 말한다.

|3| 다양한 온도의 물로 커피를 내려 보았다. 80℃일 경우 추출 후의 온도가 60℃ 이하로 낮아진다. 추출 후의 가열은 향미 변질을 초래할 가능성이 있으므로, 85℃ 이상의 물로 추출하는 게 좋다. 원두 품질이 좋다면, 95℃의 고온일지라도 향미에 나쁜 영향을 주지 않는다.

|4| 투과법(페이퍼드립)에서는 온도의 영향을 받아 향미가 변화하기 때문에 추출하는 사람의 기술과 의도가 투영된다. 이에 비해 침지법(클레버 등)에서는 추출농도의 차가 크지 않고 비교적 온도의 영향도 받지 않는다.

물 온도 차이에 따른 향미의 차

코스타리카 따라주 , 습식 W, 하이로스트 , pH 5.2

20g의 가루에 물 250ml를 넣어 3분간 침지법(클레버)으로 추출 n=3

온수 온도	추출 후 온도	향미	Brix
물	25℃	산뜻하고 마시기 편함	1.6
80℃	58℃	약간 가벼운 향미이지만 마시기 편함, 추출 후의 온도가 낮음	1.3
85℃	62℃	감귤계 과일의 산미가 풍부	1.3
90℃	65℃	감귤계 과일의 명확한 산미에 바디가 더해짐	1.3
95℃	68℃	바디가 있는 커피로 여운에 산미를 느낌	1.4

※ 냉침법은 300㎖ 비커에 분쇄가루 20g을 넣고, 물 250㎖를 부어 상온에서 15시간 담갔다가 페이퍼로 여과.

입자는 커피 향미에 큰 영향을 준다

| 1 | 입자mesh(입자의 크기)는 향미에 큰 영향을 준다. 입자의 크기가 작으면 작을수록 입자 내부가 쪼개지므로 여과가 늦어져서 결과적으로 진한 추출액이 된다. 입자가 거칠고 굵으면 내부 세포 공간이 많아 물이 지나가는 속도가 빨라지므로 농도는 낮아진다.

| 2 | 입자는 각 회사나 매장에 따라 다르기 때문에 통일성은 없다. 다만 전일본커피공정거래협의회의 기준[2]이 있다. 또한 그라인더로 분쇄해도 모두 균일한 것은 아니어서, 입자분포[3]는 제각각이다. SCA에서는 20mesh 체 0.833mm(tyler: 미국 규격)으로 70~75% 통과되는 것을 커핑의 기준으로 한다.

| 3 | 입자 굵기는 추출기구에 따라 적합도가 달라지지만, 매번 입자를 바꾸면 향미 테이스팅이 곤란해진다. 따라서 가능한 같은 굵기의 입자를 사용하되 가루의 양, 추출시간, 추출량으로 향미를 조절하는 편이 좋다.

 이 책에서는 추출방법(페이퍼드립, 융드립, 프렌치프레스)에 관계없이 약간 굵은 입자[4]를 기준으로 한다. 분쇄에 의해 콩의 표면적은 1,000배[5]까지 증가

---

2 **전일본커피공정거래협의회기준** ① 굵은 입자: 분쇄된 입자는 굵은 설탕 굵기(카스텔라에 사용하는 설탕) 또는 그 이상의 굵기, ② 중간: 그라뉴당 정도의 굵기, ③ 고운 입자: 그라뉴당과 백설탕 입자 사이의 굵기 ④ 매우 고운 입자:

고운 입자 굵기 이하의 정도.

3 **입자분포** 그라인더로 분쇄한 입자들 간 불균일함의 비율.

4 **약간 굵은 입자** 모든 추출은 후지로얄 R-440 다이얼 4(coarse 거친눈금)를 사용했다.

한다. 가령 고운 입자를 0.1~0.5mm, 중간 입자를 0.5~1.0mm, 거친 입자를 1.0~2.0mm라고 가정한 경우, 0.5mm라는 입자의 크기 차이는 커피 향미에 결정적인 차이를 가져온다.

원두를 분쇄하면 입자 굵기에는 어느 정도 편차가 생기며 미분(0.1mm 이하)도 생긴다. 분말을 체로 거르면 깔끔해지지만, 커피다운 농후함은 감소한다. 신경이 쓰이면 차 거름망을 사용해 미분을 걸러낸 뒤 시험해보면 좋을 것이다. 이 책의 추출에서는 체로 걸러 미분을 제거하지는 않는다.

일반 분쇄가루와 미분 제거 후 가루의 추출비교

콜롬비아, 습식, 시티, pH 5.4, 18g 을 2분에 150ml 추출, n=30

블라인드로 A, B 어느 쪽이 좋은지(취향)을 선택하게 했는데 의견은 양분되었다.

	가루 상태	향미	취향
A	통상적인 중간 굵기 가루	명확한 맛을 가진 인상	13 명
B	미분을 제거한 가루	마시기 편하고, 깔끔한 인상	17 명

5 《커피 '방법'의 과학》 이시와키 카즈히로, 시바타서점, 2008, p91

중간 굵기 　다이얼 3　 　Brix 1.6

1mm의 체에 70% 정도 통과시킨다. 진하고 명확한 맛이 나오는데, 후미에 약간 쓴 맛이 느껴진다.

입자의 차이에 따른 향미의 차
FujiRoyal R-440 으로 분쇄

약간 굵은 굵기 　　　Brix 1.5
　다이얼 4　

1mm의 체에 50% 정도 통과시킨다. 향이 좋고, 산미와 바디의 밸런스가 좋은, 선이 명확한 향미가 된다. 모든 로스팅 강도에 적용되지만, 특히 미디엄에서 시티로스트에 어울린다.

Brix 수치는 기본 추출(25g의 가루로 2분 30초에 240ml)을 한 경우

굵은 굵기 　　　Brix 1.4
　다이얼 5　

1mm의 체에 30% 정도 통과시킨다. 특히 시티에서 프렌치로스트에 적합하다. 추출액이 떨어지는 속도는 빠른 편이며, 가볍다. 가루의 양을 늘려서 사용하면 농도가 짙어진다.

커피가루의 양으로 농도를 조절한다

| 1 | 가루를 어느 정도 사용하는 게 좋은지는 한마디로 정의할 수 없다. 통상 중배전으로 1인분 120ml~130ml을 추출할 경우 15g 정도, 2인분이라면 10g을 추가해 25g 정도이다. 그 이상은 1인당 8~10g씩 가산하면 좋을 듯하다. 최근 들어 커피잔이 커지는 추세다. 따라서 1인분을 150~180ml로 상정할 경우 가루의 양을 살짝 늘려 15g+2~5g로 하면 좋을 듯하다.

가루의 양에 따른 향미의 차이

콜롬비아 나리뇨 . 습식 . 시티로스트 , pH 5.4
페이퍼드립(하리오)으로 240ml를 2분 30초에 추출

15 g	20 g	25 g	30 g
가벼운 맛으로 마시기 쉽고, 산미 . 바디가 약함	산뜻한 산미가 있고 마시기 편함	감귤계 과일의 산미에 충분한 바디감이 있으며, 밸런스가 좋음	바디도 좋고 농후하며, 가벼운 산미의 여운이 남음 .
Brix 0.9	Brix 1.3	Brix 1.4	Brix 1.5

|2| 로스팅 강도가 서로 다른 커피를 추출할 경우 가루의 양은, 농도를 예로 들어 설명하면 이해하기 쉽다. 즉 강배전 프렌치 쪽이 수분 및 성분이 빠져 있기 때문에 같은 시간 추출하면 Brix가 낮아진다.

따라서 잘 로스팅한 부드러운 쓴맛의 프렌치로스트 커피는 미디엄로스트보다 가볍고 목 넘김이 좋은 편이다. 프렌치로스트로 명확한 향미를 추구할 때는 가루의 양을 늘리면 좋다는 결론이 나온다.

같은 커피라도 처음 마시는 학생과 나의 감각은 다르다. 가령 SP 하이로스트는 미디엄보다 산미가 약하지만 처음 체험하는 사람은 강한 산미라고 느낄수 있다. 반대로 프렌치로스트는 쓴맛도 있지만 모나지 않으며 목 넘김이 좋다고 말하는 학생도 많은 듯하다.

로스팅 강도의 차이와 향미의 차이

과테말라 안티구아,
에티오피아 예가체프, 코스타리카 따라주
25g을 2분 30초로 240ml 추출 n=120

생산국	로스팅 강도	pH	Brix	향미
과테말라	하이로스트	5.2	1.5	감귤계 과일의 달고 산뜻한 산미. 3가지를 비교하면 농도가 있으며, 산미를 강하게 느낌.
에티오피아	시티로스트	5.5	1.4	블루베리 같은 과일의 향미. 밸런스가 좋음. 은은하게 산미가 느껴짐.
코스타리카	프렌치로스트	5.6	1.3	푸룬 등의 검붉은 과일의 향미. 약간 쓴맛을 느끼지만, 둥글고 마시기 편함.

추출시간과 추출량을 통해 향미를 컨트롤한다

| 1 | 지금까지 입자(약간 굵은), 물의 온도(93℃±2℃), 2인분 가루의 양(25g)에 따른 안정적인 추출법을 알아보았다. 이제 추출시간과 추출량의 상관관계를 살펴보면 된다.

| 2 | 케냐산 시티로스트(pH 5.4) 약간 굵은 입자 25g을 93℃의 물로 1분에서 5분까지, 추출시간을 달리하여 페이퍼드립(하리오)으로 240ml 추출한 뒤 향미를 비교해 보았다(156쪽).

그 결과 추출시간이 길수록 농도는 진해졌다. 1분은 추출 부족, 5분은 추출 과다라는 느낌이었다. 다만 생두 품질이 좋고, 로스팅이 적절하며, 2~4분 사이에 추출한다면, 어느 시간이 가장 적합한지 단정하기 힘들 정도로 맛이 좋았다.

| 3 | 다음으로 추출시간을 일정하게 하면서 추출량을 바꾸었다. 추출량을 줄이면 맛이 진해지고, 추출량을 늘리면 묽어진다. 즉 추출시간 또는 추출량을 바꾸는 것으로 자유롭게 향미를 컨트롤할 수 있었다.

여기까지 연습하면, 가루의 양과 추출시간으로 향미를 감각적으로 예측할 수 있게 된다. 커피 추출의 기본을 배운 것이다.

추출시간에 따른 향미의 차이

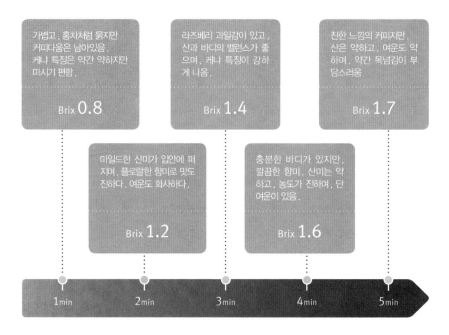

가볍고, 홍차처럼 묽지만 커피다움은 남아있음. 케냐 특징은 약간 약하지만 마시기 편함.

Brix 0.8

라즈베리 과일감이 있고, 산과 바디의 밸런스가 좋으며, 케냐 특징이 강하게 나옴.

Brix 1.4

진한 느낌의 커피지만, 산은 약하고, 여운도 약하며. 약간 목넘김이 부담스러움

Brix 1.7

마일드한 산미가 입안에 퍼지며, 플로랄한 향미로 맛도 진하다. 여운도 화사하다.

Brix 1.2

충분한 바디가 있지만, 깔끔한 향미. 산미는 약하고, 농도가 진하며, 단여운이 있음.

Brix 1.6

1min 2min 3min 4min 5min

추출량에 따른 향미의 차이

120 ml
농후, 약간 무겁고 너무 진한 느낌

Brix 2.0

240ml
산미와 바디의 밸런스가 좋고, 감귤계 과일의 향미가 퍼짐

Brix 1.4

360ml
묽고 가벼운 맛

Brix 0.7

로스팅 강도에 따른 추출방법

| 1 | 커피에는 다채로운 로스팅이 있고, 각 단계에 어울리는 추출방법이 필요하다. 아래 표는 나의 미디엄로스트(중배전), 시티로스트(중강배전), 프렌치로스트(강배전) 기본 추출 레시피다.

이 기준을 바탕으로 본인에게 맞게 활용하면 좋을 것 같다.

| 2 | ① 입자, ② 가루의 양, ③ 물 온도, ④ 추출시간, ⑤ 추출량 등 모든 조건이 동일하면, 프렌치로스트(로스팅에 의해 수분 및 성분이 감소함)는 Brix가 낮게 나오는 경향이 있으며, 가벼운 커피가 된다. 따라서 시티로스트, 프렌치로스트를 향미가 강한 커피로 마시고 싶다면 ① 입자, ③ 물 온도, ⑤ 추출량은 고정하되 ② 가루의 양을 늘리거나 ④ 추출시간을 길게 하는 것이 좋을 듯하다.

기본 추출 레시피
페이퍼드립 2인용, 하리오 V60으로 추출

	미디엄로스트	시티로스트	프렌치로스트
분쇄 가루 입자	약간 굵은 정도	약간 굵은 정도	약간 굵은 정도
가루의 양	20g	25g	25~30g
물 온도	93℃ ±2℃	93℃ ±2℃	93℃ ±2℃
추출시간	2분	2분 30초	3분
추출량	240ml	240ml	240ml
pH	4.9 전후	5.3~5.4	5.6 전후
Brix	1.5	1.8	1.8

커피 추출의 다양한 취향

일본에서는 오래전부터 추출에 대해 각자가 고집하는 취향들이 다양해서 '체프를 날린다' '페이퍼를 온수로 헹군다' '끓여둔 물을 섞는다'는 등 다양한 추출법이 전해진다. 그런 변수들을 검토해 보았다.

|1| 체프

로스팅 과정에서 생두 표면에 있는 실버스킨(은피)은 사이클론(집진기)에 체프로 떨어져 쌓인다. 그러나 중배전일 경우 센터컷 부분의 은피가 남아 분쇄하면 마찰에 의한 정전기로 그라인더에 붙는다. 시티로스트 단계가 되면 은피는 사이클론에 대부분 쌓이고, 프렌치로스트로 가면 거의 눈에 띄지 않는다.

체프가 향미에 미치는 영향은 적지만, 잡미가 될 가능성도 없지 않으니 가급적 섞이지 않도록 하는 게 좋다. 체프만 추출해 보면 약간의 연기, 흐린 차, 허브티 계통의 맛이 난다. 역한 맛이 아니므로 과도하게 신경 쓸 필요는 없을 것 같다.

체프

체프 추출

|2| 페이퍼 헹구기

추출할 때 페이퍼를 온수로 씻어내는 사람들이 있다. 페이퍼에 남아 있을지 모를 맛과 냄새를 제거하기 위함인 듯한데, 냄새와 맛은 그렇게 한다고 제거되지 않는다. 또 최근에는 무취의 페이퍼가 많이 판매되고 있다. 다만 침지법 등으로 길게 추출할 경우 종이의 냄새가 느껴지기도 해서 팔팔 끓인 물에 페이퍼를 10분 정도 담갔다가 냄새의 관능 차를 실험해 보았다.

최근 시판되는 하리오 V60, 칼리타 브라운 페이퍼로 실험했는데, 블라인드로 냄새를 감지하기는 거의 어렵다고 느꼈다.

또한 뜨거운 물로 헹구어낸 페이퍼와 그렇지 않은 페이퍼에 물을 100ml 부었을 때 여과시간에는 거의 차이가 없었다.

|3| 추출액을 온수로 희석한다

농후한 커피를 추출한 뒤 온수로 희석해 향미를 만든다는 사람도 있다. 추출 마지막에는 성분이 이미 추출되어 묽은 액체가 되기 때문에 온수로 희석한다는 말도 일리는 있다.

에티오피아 워시드 커피의 시티로스트 가루 25g으로 2분 30초에 240ml를 추출했다. 추출은 처음 80ml, 중간 80ml, 마지막 80ml로 한 뒤 각각의 향미를 확인했다. 그 결과 2회째, 3회째 추출액에서 결점과 혼탁함 등의 요소가 발견되지는 않았다. 즉 모든 추출액이 섞여서 그 커피의 본질적인 향미라고 보는 것이 좋지 않을까.

3분의 1 추출 향미의 차

최초 80ml		2회째 80ml		3회째 80ml	
시간	Brix	시간	Brix	시간	Brix
90초	3.0	30초	0.8	30초	0.3
진한 커피지만 깊이 있는 맛		은은한 과일의 향미. 열화된 향미는 느껴지지 않는다.		홍차 같은 맛. 열화된 향미는 느껴지지 않는다	

240ml 시간150초 Brix1.3 산미와 바디의 밸런스가 좋은 향미

자신의 추출 차트를
작성해 보자

이 책은 주로 핸드드립을 통해 커피 향미의 '다양성'을 알고, 새로운 '맛있음'을 발견하고, 자신의 최애 추출 차트[1]를 완성하는 것을 최종 목표로 한다.

커피에 대해서는 다양한 정보가 넘쳐나고, 다양한 추출방법을 잡지, 책, 인터넷, 유튜브 등에서 간단하게 접할 수 있는 시대다. 그러나 왜 그런 방법으로 추출하는가를 상세히 설명해주는 정보는 의외로 드문 것 같다. '추출시간과 가루의 양을 조절해 주세요.'라고 설명하지만, 구체적으로 어떻게 해야 하는지 모를 때가 많다.

그러므로 이 책은 추출을 여러 번 반복하면서 관능평가하고 비교해 보았다. 실제로 독자들에게도 다양한 추출을 해보기를 권한다. 이 과정에서 추출 능력을 키우고 커피 향미를 이해할 수 있기를 바란다.

최종적으로 '이렇게 하면, 이런 맛이 된다'는 것을 터득하고 나면, 자신이 추구하는 향미의 커피를 간단하게 만들 수 있다.

이번에는 추출시간을 일정하게 한 상태에서 가루의 양과 추출량의 관계를 차트로 만들었다.

추출량을 일정하게 맞춘 뒤 가루의 양과 추출시간의 관계를 실험했으나 추출시간은 추출량보다는 향미에 영향이 적고 상관성도 크게 나타나지 않았다. 따라서 따로 표를 만들지 않았다.

---

1 **차트** 차트 작성에 필요한 추출은 필자가 직접 했으며, 더러 '추출 중급' 세미나 참가자 추출데이터 (n=8)도 참고했다.

오리지널 레시피를 개발해 보자

| 1 | 커피 추출액은 98.6%[2]가 물이다. 그 물속에 미량의 성분들이 녹아들
어 있다. 탄수화물 0.7g(수용성 식물섬유 등), 단백질 0.2g(그중 아미노산 글루탐
산, 아스파라긴산 미량), 회분 0.2%, 지방산 0.2g, 그리고 탄닌 0.25g, 카페인
0.06g이 함유돼 있으며, 그 외에 미량의 유기산과 갈색색소 등이 포함되는 것
으로 추정된다.

| 2 | 원두의 조성은 28%가량이 수용성, 72%가 불용성이라고 알려져 있다.
수용성 성분을 어느 정도 추출하는 게 좋은가? 추출된 성분과 추출량의 밸런
스는 어느 정도가 좋은가에 대해서 가루의 양 및 추출량과 추출시간별로 테
이스팅을 하면 적절한 추출 차트를 만들 수가 있다.

| 3 | SCA의 'Coffee Control Brewing Chart'(165쪽)에서 권하는 가장 좋은
추출은 용해물질 농도solubules concentration 1.15~1.35, 수율solubles yield 18~22%
이다(도표 중앙).

여기서 말하는 이상적인 밸런스Optimum balance는 어디까지나 SCA의 기준이
므로 표에 얽매이지 않는 게 좋다. SCA에서 사용하는 TDS 합계[3]는 Brix 합계

---

2 《7가지 식품분석 2016》 여자영양대 출판부,
   2016. 4(커피가루 10g을 150ml의 온수로 추출
   해 분석했다.)

3 TDS 합계 미국에서는 Brix계가 아닌 TDS(Total
   Dissolved Solids)계로 총용해물질을 측정한
   다. 반면 일본에서는 빛이 물을 통과할 때 고
   형물이 함유돼 일어나는 굴절을 토대로 하는
   Brix계를 주로 사용한다. 과일의 당도 등을 측
   정할 때 주로 이용하는 방법으로, 커피 추출액

의 농도를 비교하는 데 있어 대략적인 평가기
준이 될 수 있다. 또한 Brix와 TDS의 관계는
Brix x 0.79= TDS 수치가 된다. 이 추출연구는
1950년대부터 CBI(Coffee Brewing Institute
1957~)의 많은 연구가 이어져, SCA의 Coffee
Brewing Handbook 프로그램에 통합되어 온
것이다. Https://scanews.coffee/2013/10/04
thecoffee-brewing-institute/

처럼 추출시간이나 입자 등의 영향을 받기 때문에 조금 더 단순화하여 기준을 작성해 보면 좋을 것 같다.

아래의 시료 A, B, C를 추출한다고 가정해 보자. A는 B보다 Brix가 높고, 수율은 13.4%로 8.6%인 B보다 높다고 할 수 있다. C는 가루의 양이 적고 추출량이 많은데도 불구하고 Brix가 높기 때문에 수율은 21%로 높다고 할 수 있다.

수율[4]은 추출된 커피의 양 대비 사용한 커피가루 양으로 계산한다.

SCA에서는 가루와 물 사용량의 비율을 1:18 전후로 권장하기(예를 들어 3.75oz=106g으로 1.9L 추출) 때문에, C가 밸런스 좋은 추출에 가장 가까워진다. 그러나 추출은 입자(메시), 로스팅 정도, 추출시간, 추출방법 등 다른 요소의 영향을 받는다. 따라서 A, B, C 중 어느 쪽이 좋고 맛있는가를 우리만의 미각으로 재검증해야 할 필요가 있지 않을까? 추출데이터를 쌓고 테이스팅을 반복하면서 감으로 추출의 지표를 만들어내는 것이 가능하다. SCA Brewing Control Chart[5]에 들어갈 수 있도록 세팅하기 위해서는 가루의 양을 곱게 하고, 물의 온도를 올리고, 추출시간을 길게 하는 등의 방법이 필요하다. 따라서 그다지 현실적이라고 할 수 없을 듯하다.

A. 추출량 240ml × Brix 1.4 ÷ 25g = 13.4 (300ml의 온수로 추출)

B. 추출량 240ml × Brix 1.4 ÷ 25g = 8.6 (300ml의 온수로 추출)

C. 추출량 300ml × Brix 1.4 ÷ 20g = 21 (360ml의 온수로 추출)

---

4 **수율** 수율이라는 것은, 원료에서 어느 정도 효율성 있게 생성물을 얻어내는가를 나타내는 비율(%)이라고도 할 수 있다.

SCA의 Coffee Control Brewing Control Chart

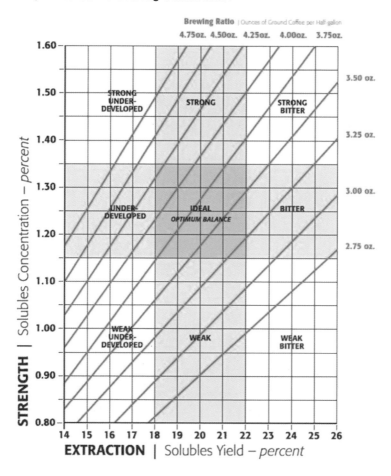

5　Coffee Control Brewing Chart

자신의 추출 차트를 작성해 보자

| 1 | 최종적으로 기존 지표에 의존하는 대신 자신의 추출 차트를 작성해
보는 것이 이상적인 추출로 이어진다. 여기에서는 추출액의 Brix를 계측해
관능평가와의 상관관계를 보는 것으로 한다. Brix는 로스팅 강도, 입자, 로
스팅한 날로부터 경과 일수, 추출시간 등으로 인해 변화[6]한다. 참고용으로
수율도 산출했다.

이 차트[7]를 작성하면, 향미 전체 이미지를 파악하는 것이 가능하다.

---

6 추출액의 Brix는 온도에 의해 크게 변화한다.
가령 30℃에서 1.55, 25℃에서 1.65, 20℃에서
1.75, 15℃에서 1.95처럼, 온도가 낮아질수록
수치는 상승한다. Brix계에는 온도 보정 기능이
없기 때문에 25℃±1로 측정했다.

7 차트 작성에 필요한 추출은 필자의 기본방법
을 기준으로 삼았다. 첫 방울은 15g의 경우 15
초, 20g 20초, 30g 25초를 기준으로 했으며, 최
종 추출시간의 오차는 15g의 경우 8초, 20g 및
25g에는 5초, 30g은 3초 이내로 하였다. 데이터
에는 약간의 오차가 있다.

페이퍼드립 추출 차트 사례 1

하이로스트

동티모르 티피카 pH 5.1
입자 = 약간 굵음　드리퍼 : 하리오 V60　물 93℃± 2℃　n=4

하이로스트 커피가루 15g, 20g, 25g, 30g을 사용해 각각 120ml, 240ml, 360ml를 2분 30초±3으로 추출했다.

	120ml	240ml	360ml
30g	Brix 3.1　수율 12.4 농후한 향미에 산미가 강함	Brix 2.2　수율 17.6 농도감 있으며, 감귤계 산미와 바디	Brix 1.8　수율 21.6 산미와 바디의 밸런스 좋음.
25g	Brix 2.9　수율 13.9 맛이 진하고 점성 있으며, 산미와 여운이 있음	Brix 2.0　수율 19.2 부드러운 감귤계 산미와 단 여운	Brix 1.6　수율 23.0 산뜻한 산미, 바디는 약간 약한 편
20g	Brix 2.35　수율 14.1 약간 농도감 있고, 산미와 바디가 있음.	Brix 1.65　수율 19.8 부드러운 산미, 기분 좋은 맛	Brix 1.25　수율 22.5 농도는 약간 흐린 편, 흐릿한 산미, 마시기 편함.
15g	Brix 1.9　수율 15.2 산미가 다소 느껴지지만 바디는 약함	Brix 1.4　수율 22.4 묽음 산미와 바디 둘 다 약함	Brix 0.95　수율 22.8 가장 농도가 흐림. 산미 약함

동티모르 티피카종은 오렌지 같은 산미와 부드러운 바디가 있는 커피다. 이 시료의 경우 Brix 1.65~2.0, 수율 19~22의 추출액이 산미와 바디의 밸런스가 좋은 듯하다.

페이퍼드립 추출 차트 사례 2

시티로스트

페루 옐로부르봉 pH 5.3
입자 = 약간 굵음   드리퍼 : 하리오 V60   물 93℃± 2℃   n=4

시티로스트 커피가루 15g, 20g, 25g, 30g을 사용해 각각 120㎖, 240㎖, 360㎖를 2분 30초±3으로 추출했다.

	120㎖	240㎖	360㎖
30g	Brix **2.85** 수율 **11.4** 가장 진한 추출액 버터 같은 바디, 단 여운	Brix **2.0** 수율 **16.0** 진하고 탄탄하며, 복합적인 맛	Brix **1.65** 수율 **19.8** 산미가 도드라지고, 바디와의 밸런스가 좋음.
25g	Brix **2.55** 수율 **12.2** 농후한 향미 약간 쓴맛의 여운	Brix **1.85** 수율 **17.8** 산미와 바디의 밸런스가 좋음	Brix **1.45** 수율 **20.9** 부드럽고 마시기 편함 가벼운 산미
20g	Brix **2.1** 수율 **12.6** 탄탄한 바디감	Brix **1.50** 수율 **18.0** 약간 가벼우면서 산미와 바디의 밸런스가 잡힌 맛	Brix **1.15** 수율 **20.7** 깔끔한 향미 마시기 편함
15g	Brix **1.85** 수율 **14.8** 추출시간 길고 잡미가 섞여 무거운 향미. 밸런스 나쁨	Brix **1.15** 수율 **18.4** 묽은 추출 가벼운 향미	Brix **0.95** 수율 **22.8** 가장 묽은 추출 향미가 약함

이 시료의 경우 Brix 1.50~1.85, 수율 17~20의 추출액이 산미와 바디의 밸런스가 좋은 듯하다.

페이퍼드립 추출 차트 사례 3

프렌치로스트

케냐 키리냐가   pH 5.6
입자＝약간 굵음   드리퍼 : 하리오 V60   물 93℃± 2℃   n=4

프렌치로스트 커피가루 15g, 20g, 25g, 30g을 사용해 각각 120ml, 240ml, 360ml를 2분 30초±3으로 추출했다.

	120ml	240ml	360ml
30 g	Brix 3.3 수율 13.2 가장 농도가 진함. 쓴맛이 강함.	Brix 1.9 수율 15.2 진하고 탄탄한 쓴맛이 있음.	Brix 1.55 수율 18.6 부드러운 쓴맛 가운데 은은한 단맛.
25 g	Brix 2.4 수율 11.5 탄탄한 쓴맛과 점성	Brix 1.8 수율 17.3 부드러운 쓴맛과 바디감. 은은한 단맛의 여운	Brix 1.3 수율 18.7 산뜻한 쓴맛. 약간의 산미
20 g	Brix 2.2 수율 13.2 농도가 있으며. 매끄러운 혀의 감촉	Brix 1.45 수율 17.4 산뜻한 쓴맛 가운데 단맛이 남음.	Brix 1.1 수율 19.8 가벼운 맛 속에 약간의 바디를 느낌.
15 g	Brix 1.7 수율 13.6 적당한 쓴맛	Brix 1.1 수율 17.6 쓴맛이 억제되어 가벼운 향미	Brix 0.8 수율 19.2 가장 묽은 추출 향미가 약함

로스팅으로 인한 쓴맛이 강한 시료이다. Brix 1.3~1.55, 수율 17~19의 추출액이 매끄럽고, 부드러운 쓴맛, 단맛의 여운이 있다.

Brix와 수율

하이로스트, 시티로스트, 프렌치로스트 추출 차트를 Brix와 수율 그래프로 만들었다. 도표의 R은 상관계수로 Brix와 수율에는 반비례의 상관성이 있다. 그리고 추출도 비교적 변동 없이 안정적이라고 볼 수 있다.

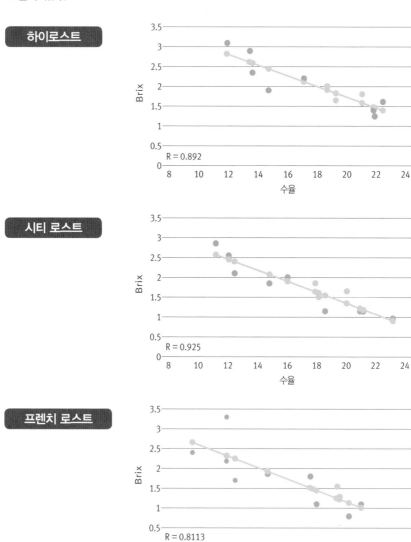

※《4step 엑셀통계》야나이 히사에,
오엠에스출판, 2015

추출한 커피의 향미를
어떻게 표현할 것인가

2010년 이후로도 SP의 생산지는 꾸준히 확대되고 생산량도 증가해왔다. 이런 흐름과 함께 커피의 향미도 복잡해지고 있다. 게이샤와 파카마라처럼 화사한 향미를 지닌 품종, 본래 뛰어난 토양을 지닌 에티오피아, 케냐, 수마트라, 콜롬비아, 코스타리카 등지의 생두 고품질화, 점점 개선되는 내추럴 정제법 덕에 소비자들은 갖가지 새로운 향미를 체험할 수 있게 되었다.

시장이 성숙하면서 새로운 커피를 다루는 사람들이 등장하고, 마이크로 로스터(자가배전점)는 세계적으로 증가하는 추세다.

나아가 생산지를 직접 방문하는 커피 관계자가 늘고 국제 교류도 활발해지면서 향미에 관한 공통용어 정립의 필요성이 필연적으로 대두되었다. 인터넷 옥션도 어느덧 20년 역사를 축적하면서 커피 향미를 표현하는 어휘는 10년 전과 비교해 폭증한 상황이다. 미국 주도로 만들어진 SCA의 플레이버휠, WCR의 용어집Lexicon 등의 영향력도 점점 늘고 있다.

이러한 흐름에도 불구하고 커피의 향미를 표현하는 어휘는 지극히 주관적인 방향으로 치우쳐 있고, 이로 인해 커피 관계자들 사이에서도 정보를 공유하기 힘든 거리감이 생기는 실정이다. 생두 기업의 코멘트를 그대로 따라 하거나 주관적 어휘가 범람하는 상황은 커피 향미 이해를 방해하며, 오히려 공통의 견해를 단절시키는 상황이 되고 말았다.

플레이버휠과 WCR의 용어집은 매우 훌륭한 것이지만 우리의 감각은 그들과 다르다. 따라서 최근 어휘에 위화감이 생기는 부분도 많다.

우리에게는 익숙한 '우마미(감칠맛)'와 '쓴맛'이 SCA 관능평가표에는 없으며, WCR 용어집의 기본이 되는 맛에는 우리의 맛과는 다른 것이 많다.

본래 어휘란 여러 전문가의 도움을 받아 추가, 평가, 검증한 후 만드는 게 맞다. 다만 이 책에서는 나 스스로가 과거 30년 동한 테이스팅한 경험을 바탕으로 작성했다. 그로 인해 위화감을 느끼는 분도 있겠지만, 이를 바탕으로 하여 많은 이가 향미 표현에 흥미를 갖게 된다면 기쁠 것 같다.

과테말라 안티구아 호텔에서의 아침식사

테이스팅 용어

| 1 | 이 책에서는 관능평가[8] 테이스팅이라는 용어로 대신하고 있다. 커피 테이스팅은 맛있음을 추구하기 위함이며, 그 향미를 표현하는 언어가 테이스팅 용어이다.

커피의 경우, 향과 맛은 따로 분리되지 않기 때문에 주로 향미라는 말로 표현하는 게 좋을 듯하다. 여기에 더해 텍스처(식감, 바디감 등)가 포함된 종합적인 말로서 풍미라는 말을 사용한다.

이 책에서는 테이스팅한 커피 풍미를 기록해 자신의 매트릭스를 만들어가는 힌트를 제시하는데, 가급적 단어를 늘리지 않도록 유의하면서, 많은 이들과 공통인식이 만들어지도록 배려했다.

커피 테이스팅 표현에 관해서는 지금까지 통일된 기준이 없다. 대신 테이스터가 자유롭게 아로마, 맛, 텍스처를 표현하고 있다.

따라서 같은 커피라도 마시는 사람이 바뀌면 그 느낌의 표현도 바뀌어 버린다. 최근에는 과잉이라 여겨지는 풍미 표현이 눈에 띄며, 패널리스트 Panelist[9] 간 공통감각을 도출하기 힘든 괴리마저 눈에 띈다. 홀로 좋은 코멘트를 남발하는 바람에, 정말로 커피를 이해하고 있는지 의문스러운 상황마저 발생한다.

---

8 **관능평가**(sensory evaluation) 인간의 감각을 측정기의 센서로 계량해 품질을 측정하는 행위. 많은 시료에서 최량의 것을 선택한다. 〈관능평가분석-용어〉 JIS Z 8144, 2014

9 **패널리스트** 관능평가를 위해 선택된 평가원 집단을 패널(panel)이라고 하고, 그 한 명을 패널리스트라고 부른다. 공정한 판단(편견을 갖지 않은)이 가능한 사람이 적합하다. 《음식의 관능평가입문》 오오고시 히로 · 아마미야 히데오, 광생관, 2009, p175

게다가 그런 표현들이 상품 선전과 패키지에 사용되며 소비자 혼란을 초래하는 상황에 대해 필자를 포함한 많은 커피 관계자들은 심각한 염려를 표명하고 있다.

| 2 | 향과 맛의 표현은 그 언어권 식문화의 영향을 강하게 받는다. 영어로 만들어진 리스트를 직역하는 레벨을 넘어, 우리 말을 토대로 정리한 맛의 어휘가 필요한 이유다. 특히 우리는 식재가 풍부하고 생식도 정착했기 때문에 맛 표현이 풍부한 편이다. 물론 국제적인 공통인식을 위해 세계 곳곳에서 어휘집이 만들어지고 종합되는 과정은 반드시 필요하다고 생각한다.

| 3 | 일본에서도 '소비자, 커피 관계자, 커피 테이스터의 어휘'[10]라는 연구가 있다. 3자의 평가를 비교한 것으로, 훌륭한 결과물이라고 생각한다. 다만 베이스가 되는 시료가 고품질 커피에 특화된 것이 아니므로 풍미의 어휘가 한정적이다.

| 4 | 따라서 과거 20년간 SP 테이스팅을 통해 커피에서 만난 향미 및 텍스처를, 나름대로 정리해 보았다.

나의 개인적인 어휘 중 일부이기 때문에 위화감을 느끼는 분들이 있을지 모른다. 다만 다양한 분들의 견해를 모아서 향후 보다 충실한 것으로 만들어

---

10 《Sensory Lexicon of Brewed Coffee for Japanese Consumes, Untrained Coffee Professionals and trained Coffee Tasters》 Fumiyo hayakawa et al,, Journal of Sensory Studies 25 917-939, 2010

지기를 바라는 마음으로 기술했다. 커피는 기호식품이며, 생두가 함유한 화학적 성분이 로스팅에 의해 변화하면서 향과 맛이 생겨나는 특별한 음료라고 할 수 있다. 향과 맛은 일체화하기 때문에 식품 및 음료업계에는 플레이버휠이 작성되어 있다.

커피의 경우 SCA의 플레이버휠이 널리 알려져 있지만 우리의 식문화에서 쓰이는 풍미 표현과는 다소 차이가 있다. 따라서 이 책에서는 '향'과 '맛'과 '텍스처'로 구분했다.

향(Aroma)의 용어

| 1 | 향은 후각으로 느낀다. 커피는 와인과 달리 꽃 향의 종류까지 특정하기는 어렵다. 흔히 커피의 꽃 향을 '재스민 같다'고 표현하는데, 그쯤에서 더 이상 구체화하지 않는 게 좋을 듯하다. '꽃 같은 향'이라는 표현으로도 충분하다고 생각한다.

| 2 | 향의 분자는 대부분 기화되기 쉬운 저분자 유기화합물이다. 커피의 향은 생두, 원두를 포함해 1,000종[11] 가까이 된다. 따라서 개별적으로 감지하는 것은 어렵다고 본다.

향은 맛과 일체화하기 때문에 맛의 언어와 겹치는데, 개개의 향미에 대해서는 향이 강한 것과 맛이 강한 것이 있다고 느낀다. 그 때문에 WCR[12]의 용어집에서는 강도도 중요한 요소로 다뤄진다. 다만 이는 커피 연구자용 개념으로 커피 관계자나 소비자들은 이해하기 어렵다.

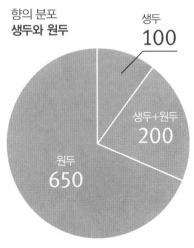

향의 분포
생두와 원두

생두
100

생두+원두
200

원두
650

생두 100종, 원두 650종, 생두와 원두 공통의 향이 200종 있다고 한다.

---

11 《Coffee Flavor Chemistry》 Ivon Flament, Willey, 2002, p77
12 WCR https://worldcoffeeresearch.org/work/sensory-lexivon/

| **3** | 커피의 '향' 평가는 분쇄가루의 '향기fragrance'와 추출액의 향인 '아로마
aroma'로 구분되며, 양자를 종합적으로 본다.

와인 연구가인 고 토미나가[13] 교수는 '향을 듣는다'라는 말을 사용하면서,
향을 대하는 것은 고귀한 자세라고 표현했다.

향을 맡았을 때 플로랄, 프루티, 스위트(표) 등을 느끼면 좋은 커피라고 할
수 있다. 이는 커피에서 그냥 느껴지는 감각으로, 말로 표현하기는 어렵다.
향 성분은 화학물질이기 때문에 커피 향을 리모넨[14](시트러스계), 리날룰(재스
민, 장미) 등의 분자로 표현하는 것도 물론 가능하다. 다만 실제로 이런 냄새
를 구분하는 것은 조향사 이외에는 불가능하다. 따라서 이 책에서는 세 가지
용어로 집약했다.

향의 주요 용어

용어	영어	향	예
플로랄	Floral	많은 꽃들의 단향	재스민
프루티	Fruity	감귤계 및 잘 익은 과일의 단향	다양한 과일들
스위트	Sweet	단향	벌꿀, 캐러멜

아로마키트: '르 네 뒤 카페(Le Nez du Café)'라는 명칭의 커피
향 샘플 36종류가 판매되고 있다. 이것은 Q그레이더(Licensed
Q Arabica Grader) 양성강좌에서도 사용되고 있다.

---

13 《아로마 팔레트로 놀자》 토미나가 교수, 스테레오사운드, 2006, p22
14 《향의 과학》 히라야마 노리아키, 고단샤, 2017, p152

산미(Acidity)와 프루티(Fruity)의 용어

| 1 | 커피는 과일[15]의 종자이므로, SP 중 일부에서는 과일 같은 산미가 느껴지기도 한다. 기본은 감귤계 과일 향미로, 은은하게 잘 익은 과일 향이 난다. 지금까지 많은 커피를 테이스팅하면서 느꼈던 과일의 맛을 일람표로 만들었다. 나는 과일의 향미를 과일 색으로 구분한다.

| 2 | 과일이라고 해도 미세한 뉘앙스밖에 못 느낀다. 일상에서 과일을 먹는 습관을 들이는 것이 좋다. 나는 무엇이든, 매일 과일을 먹는다. ASIC(국제커피과학회, 2018) 참석차 미국 포틀랜드에 갔을 때도 매일 블루베리, 라즈베리(적·황색), 블랙베리 등을 챙겨 먹었다.

오리건 주 포틀랜드의 마트

---

15 과일 커피 향미 표현 중에 가장 많이 사용하는 것은 프루티 용어이다. SCA의 플레이버휠(203~204쪽 참조) 이외의 어휘집에서, 전체 용어의 절반 정도를 프루티 용어가 차지하는 것도 많다.

|3| 프루티는 화사하면서 단맛이 나는 향과 과일감이 감도는 맛을 말한다. 아래와 같은 과일 등의 속성을 느낄 수가 있다. 단, 미국인[16]의 플레이버 감각과 다르기 때문에 용어를 바르게 사용할 필요가 있다.

필자가 일상적으로 먹고 있는 과일 중 일부를 촬영했다.

---

16 미국인 그린애플, 스트로베리, 체리 등 많은 과일의 맛은 우리의 그것과 현저하게 차이가 있으며, 베리계 과일의 구분 등은 우리에게는 어려운 감각이다.

황색 과일

감귤계 과일 향은 구연산을 기본으로 한 커피의 기본 산미로 가장 중요하다. 대부분의 고품질 커피에서 느껴진다. 산이 강할 때는 레몬, 약간 쓴맛을 동반할 때는 자몽, 단맛을 동반할 때는 오렌지, 귤, 탠저린 등의 향이 느껴진다.

붉은 과일

감귤계 산미에 라즈베리가 더해지며 화사함이 증가한다. 토양이 좋은 산지의 파카마라종 등에서 종종 느껴진다. 그 외 고품질의 내추럴 커피에서는 스트로베리가 느껴지기도 한다.

검은 과일

일본산 혹은 미국 오리건에서 나오는 블루베리의 향은 에티오피아의 워시드 등에서 흔히 느낄 수 있다. 그 외 포도나 프룬 등은 로스팅이 강하고 자당 양이 많을 때 느껴진다.

말린 과일

터키산 말린 무화과 향은 약간 로스팅이 강한 커피에서 느껴진다. 말린 프룬은 로스팅이 강한 케냐 및 콜롬비아의 우일라산 등에서 만날 수 있다.

그 외 과일

사과는 중미의 커피와 티피카종에서 느낄 가능성이 있다. 사과산 자체는 좋은 풍미에 기여할 경우와 그렇지 않은 경우가 있으므로 주의가 필요하다. 복숭아와 멜론 향은 감귤계 과일의 향미를 덮을 만큼 화사한 단맛을 동반하는 향미에 사용한다. 에티오피아 예가체프 등의 워시드 커피를 중심으로 나타나는 경우가 있다.

트로피컬 프루츠

가끔 애플망고, 패션프루츠 등의 화사한 과일감을 수마트라산이나 케냐산에서 느낄 때가 있다. 한편 파인애플 향을 파나마 게이샤종에서 느낄 때가 있다.

※ 라즈베리 및 블랙베리 등은 우리에게는 익숙하지 않기 때문에 잼과 케이크의 퓨레 등으로 향미를 연상하는 것이 좋을 듯하다. 딸기는 '토치오토메'(일본의 유명한 딸기 품종)를 기준으로, 망고는 애플망고를 기준으로, 일본>대만>멕시코 순으로 단맛은 강해진다. 사과는 미국의 청사과가 아닌 '부사' 기준이며, 복숭아와 멜론도 일본의 다양한 단맛 향미를 기준으로 삼는다.

스위트(Sweet) 용어

| 1 |　설탕을 넣지 않아도, 추출한 커피에서 단맛은 느껴진다. 커피는 참으로 신기한 음료다. 단맛 미각 테스트를 위해 물 1리터에 자당(설탕)[17] 4g을 녹인 수용액과 증류수를 비교하면, 대다수 사람들은 맛을 구별할 수 있다. 커피 추출액에서도 단 속성을 느낄 수가 있다. 단맛을 느꼈을 때 자주 사용하는 용어를 정리했다.

　물론 SP 커피라고 해서 모두 단맛이 나는 건 아니다. 이런 단맛이 느껴지는 커피는 SP 중에서도 좋은 커피에 속한다.

17 자당(설탕) 커피의 단맛 베이스는 자당이다. 자당(sucrose)은 설탕의 주성분으로 포도당 (glucose)과 과당(fructose)이 결합한 것이다.

초콜릿

초콜릿은 시티로스트 이상 로스팅 커피에서 느껴지며, 비터초콜릿은 프렌치로스트 커피의 농축감 안에서 느낄 수 있다. 카카오는 베리계 향미이기 때문에 초콜릿과는 구분된다.

바닐라

많은 고품질 커피의 향으로서 느껴진다.

캐러멜

자당이 많은 생두를 시티로스트 이상으로 로스팅할 경우 느껴질 가능성이 있다.

벌꿀

뛰어난 커피의 애프터 테이스트로 느껴질 가능성이 있다.

슈가

미디엄로스트부터 프렌치로스트 커피까지 애프터 테이스트에 느껴질 가능성이 있다.

그 외 용어

| 1 | 지금까지 설명한 용어 외에 몇 가지만 추가해 본다. 많은 커피에 적용되는 것은 아니며, 흔치 않게 이 향미의 뉘앙스를 느낄 때가 있다.

티

녹차나 홍차의 향미가 드물게 보일 때가 있다. 녹차 가운데에서도 신차 향미에 가깝다. 홍차는 약배전, Brix가 낮은 커피에서 느껴진다. 에티오피아 워시드에서 나타나는 레몬티 향미는 높은 평가를 받는다.

와인

에티오피아, 예멘 및 중미에서 2010년 이후 도입된 좋은 정제법으로 정제한 내추럴 커피에서 느껴진다. 발효취가 없는 섬세한 맛에 사용한다. 레드와인.

허브

허브 종류를 특정하기 어렵지만, 자극이 강하지 않은 허브 향미는 좋은 평가를 받는다.

스파이스

시나몬은 막 수입된 중미 등의 신선한 커피에서 나타나며, 풍미의 엑센트가 된다. 그 외 다른 스파이스는 좋게 평가하지 않는다.

가죽

만델린 특유의 향으로, 신선한 잔디에서 숲속의 습한 냄새로 변화하는 과정에서 느껴지는 향미이다.

견과류

너티는 매우 자주 사용되는 단어지만, 와인의 미네랄처럼 애매한 용어이다. 일반적으로 볶은 나무열매나 맥아, 옥수수 등의 향미이지만, 거칠고 편하지 않은 향미에도 종종 사용된다.

텍스처(Texture) 용어

| 1 | 텍스처는 입안에서 느낄 수 있는 물리적 특성으로, 이 책에서는 바디[18]와 동의어로 사용한다. 용액에 대비해 용질이 많을 경우, 텍스처에 영향을 준다. 수용성 탄수화물(식물섬유) 등은 점성에 영향을 준다.

페이퍼드립을 했을 때 커피 지질의 대부분은 추출되지 않지만 추출액에 부유하는 약간의 교질colloid(미립자)이 입안에서 질감을 느끼게 한다.

바디 용어

용어	맛	원인
버터	버터의 점성	원두의 지질량이 많은, 생두가 두껍고 조밀도가 높음
크림	혀에 닿는 크림 감촉	원두의 지질량이 많은 편
무거운	무거운 맛	추출시간이 길고, 추출 시 가루가 너무 많음
가벼운	가벼운 맛	추출시간이 짧고, 추출 시 가루가 부족할 때
매끄러운	매끄러운	추출액에 유성물질, 콜로이드가 많음
두께가 있는	두께가 있는	추출액에 고유의 용질이 많음
얇은	얇은	추출액에 고유의 용질이 적음
복합적인	복합적인 맛	추출액에 다양한 성분이 녹아 있음

---

18 바디 바디는 생산국 등에서 라이트바디, 미디엄바디, 풀바디 등으로 사용하는 사례가 많다. 개인적으로 티피카종의 좋은 바디는 실키하고, 수마트라 만델린의 좋은 바디는 벨벳 같은 느낌으로 구분하고 있다.

플레이버휠(Flavor Wheel)

| 1 | SCA 플레이버휠(2016에 개정, 203쪽 표)은 대 · 중 · 소로 카테고리가 나뉘고 가장 안쪽의 대카테고리는 다시 9개로 나뉘어 점차 세분화한 형태로 뻗어 나간다.

'플레이버휠'이란, 어떤 식품에서 느껴지는 향과 맛의 특징을 유사성과 전문성을 고려해 원형 또는 단계적으로 나열하는 것으로, 그 식품에 관계된 전세계 사람들이 향과 맛에 대해 공통인식을 가지고 소통하기 위한 수단으로 사용된다.

| 2 | 일본의 경우 청주, 소주(아와모리), 위스키, 맥주 등 주류에는 플레이버휠이 일반화돼 있다. 홍차와 녹차에도 사용되지만, 커피에는 없다.

| 3 | SCA 플레이버휠의 대카테고리는 Floral, Fruity, Sweet, Nutty/Cocoa, Sour / Farmented, Green / Vegetative, Roasted, Spices, Other로 구분된다. 이들이 파생되어 나가는 것을 살펴보면, 좋은 풍미와 좋지 않은 풍미가 혼재되어 있다. 플레이버의 기초가 되는 식재는 미국의 것이 많은 듯하다. 이런 까닭에 SCA의 플레이버휠을 우리가 완벽하게 활용하기에는 다소의 어려움이 따른다.

| 4 | 미국 내에서도 SCA의 플레이버휠을 수정하거나 간소화한 것들이 만들어지고 있다. 카운터컬쳐Counter culture coffee[19]가 작성한 플레이버휠, 심플한 'Tastify'의 플레이버휠(203쪽)도 있다. Tastity는 로스터와 생산자가 서로 다른 국가에서 동시에 커피를 커핑하고, 웹상에서 Tastify를 통해 그 커피에 대해 협의할 수가 있다.

플레이버휠의 대카테고리 기본용어 비교

SCA	COUNTER CULTURE	
FLORAL	FLORAL	왼쪽 7개 항목은 거의 동일한 속성이다.
FRUITY	FRUIT	
SWEET	SWEET&SUGARY	
NUTTY/COCOA	NUT	
SPICES	SPICE	
GREEN/VEGETATIVE	VEGETAL/EARTHY/HERB	
ROASTED	ROAST	
FARMENTED	CHOCOLATE	남은 속성은 약간 차이를 보인다.
OTHERS	GRAIN&CEREAL	
	SAVORY	

19 카운터컬쳐 미국 더럼에 본사가 있다. 매장을 운영하지 않는 대신 트레이닝센터를 중시하는 로스팅 회사다.

추출한 커피를
어떻게 평가할 것인가

커피는 전 세계에서 사랑받는 기호식품 음료로서 오랜 역사를 갖고 있다. 하지만 그 '맛있음'에 관해서는 주관적으로 이야기되는 일이 많고, 품질과 풍미의 좋고 나쁨에 대해서도 객관적으로 평가하는 작업이 부족한 듯하다. 아마도 '커피의 향미란 무엇인가?' '좋은 품질이란 무엇인가?' '향미를 어떻게 평가하면 좋을까?' 같은 본질적 접근이 부족했기 때문일 것이다.

커피의 향미에는 기호품으로서 주관적인 '맛있음의 차이'와 객관적인 '품질의 좋고 나쁨 차이'가 있다. 이 책은 맛있음이 생두의 품질에 의한 것이라고 여기며, 좋은 생두가 적절한 로스팅과 추출을 거쳤을 때 만들어지는 감각이라고 본다. 따라서 높은 레벨의 '맛있음'을 체험하기 위해서는 좋은 커피 추출 방법을 이해하고, 많이 체험하고, 후각과 미각을 훈련할 필요가 있다. 최종적으로는 추출액의 좋고 나쁨을 스스로 판단하는 스킬을 체득해야 한다. 이를 위해서는 생두나 로스팅 지식 및 테이스팅 방법을 익힐 필요가 있으며, 미각 개발이 중요해진다.

와인을 맛보기 위해서는 포도 재배에서 양조에 이르는 지식이 필요하다. 처음부터 '로마네콩티'[1] 향미를 이해할 수는 없다. 부르고뉴[2]의 다양한 와인을 '지역' '마을' '클리마climat(마을 안의 구획)' '생산자' 순으로 좁히고, 나아가 '1급' '특급' 순서로 마셔봐야 비로소 향미의 위대함을 이해할 수가 있게 된다.

---

1 **로마네콩티** 프랑스 부르고뉴 지방의 최고 와인으로 알려져 있다.
2 **부르고뉴** 이곳에서 재배되는 것은 피노 누아라는 단일 품종으로, 마을 안의 구획에 따라 등급이 정해진다. 또 생산자에 따라 향미가 다르며 가격의 차이도 생겨난다.

커피도 이와 비슷하다. 케냐를 마실 때 '레몬과 패션프루츠, 살구 같은 산미'는 생산지의 토양이나 정제법에 따라 크게 영향을 받는다. 중남미나 콜롬비아산 커피는 '감귤계 과일의 산미'를 체험한 사람이라야 그 훌륭함을 이해할 수 있다.

커피 향미를 이해하기 위해서는 커피를 평가하기 위한 기준을 제대로 학습할 필요가 있다. 커피의 맛있음은 '혼탁함이 없는 클린함'을 베이스로 하여, '구연산을 중심으로 구성된 유기산이 만들어내는 맛있음', 그리고 '지질과 당질, 아미노산 등이 만들어내는 것으로 추정되는 부드러운 감촉과 바디 및 단맛'이 향미를 구성한다. 나아가 '카페인과 갈색색소의 쓴맛'이 더해져 복합적인 향미로 나타난다.

이런 향미를 구성하는 '향' '산미' '클린함' '단맛'을 제대로 파악하며, 가능한 한 객관성을 갖고 평가할 수 있는 스킬을 학습하자.

맛있음이란, 식품을 섭취했을 때
일어나는 기분 좋은 감각

| 1 | 인간에게는 미각, 후각, 촉각, 시각, 청각이 있다. 미각은 화학물질이 수용기(구강 내, 혀, 구개부)와 접촉하면서 발생하는 감각으로, 구강 내 물질이 자신에게 기분이 좋은지, 그렇지 않은지를 판단하는 센서라고 할 수 있다.

맛있음은 화학적 요인[3](향미)과 물리적 요인(텍스처) 외에 심리적 요인, 생리적 요인이 더해져서 과거의 음식체험 등 정보를 바탕으로 뇌가 종합적으로 판단하는 감각이라고 볼 수 있다. 후시키[4] 씨는 '맛있음'을 생명 유지를 위한 중요 성분을 포함한 '생리적인 맛있음', 익숙한 맛을 안전하다고 보는 '문화적 맛있음', 정보로 미리 맛을 평가할 수 있는 '정보의 맛있음', 뇌의 보수계에서 발생하는 '참을 수 없는 맛있음' 등 네 가지로 구분하고 있다.

| 2 | 미각의 생리적 기본기능은 단맛을 에너지, 감칠맛을 단백질원, 짠맛을 미네랄원으로 감지한다. 또 신맛(산미)은 부패물의 신호, 쓴맛은 독물을 기피하는 신호가 된다. 그러나 식문화를 통해 봄의 쓴맛(죽순, 유채, 머윗대)과 매실 및 감귤계 과일의 신맛, 다시마와 가쓰오부시의 감칠맛(우마미)을 체험해온 우리는 커피에 함유된 향미를 판단할 수 있는 소양이 충분할 것으로 판단된다. 물론 이를 느끼는 역치[5]에는 개인차가 있다.

---

3 《감성 바이오센서》 토코 키요시, 아사쿠라서점, 2001
4 《냄새와 맛의 신비》 후시키 토우루 외, 코유샤, 2013, p163
5 **역치** 감각에 흥분을 발생시키는 최저의 자극량. 물과는 다른 어떤 맛이 느껴지는 농도(검지역) 혹은 분명하게 맛의 질을 알 수 있는 농도(인지

역)라고도 한다. 쓴맛(0.0003%)은 사람이 독을 감지하기 위해 역치가 가장 낮고, 다음으로 부패를 감지하기 위한 신맛(0.006)의 역치가 낮다. 그 다음으로 감칠맛(0.03), 짠맛(0.07), 단맛(0.3) 순이다.
《식의 관능평가 입문》 오고시 히로 · 아마미야 히데오, 코세이칸, 2009, p20

| 3 | 선천적으로 미각이 뛰어난 사람은 거의 없다. 미각은 음식을 먹은 이력 자체가 구축되어 만들어지는 듯하다. 커피에 대한 미각 역시 다양한 미지의 향미와 조우하고 경험을 쌓으면서 체득되는 것이다.

커피 향미를 이해하기 위해서는 좋은 향미의 커피를 접하는 것이 중요하다. 이를 기준으로 다양한 커피의 향미를 비교할 수 있게 된다.

식품의 상태에 따른 맛있음의 요인

화학적 요인	내용	물리적 요인	내용
맛	오미(신맛, 쓴맛, 짠맛, 단맛, 감칠맛) 매운맛, 떫은맛	텍스처	입안에서 느끼는 역학 특성. 단단함, 부드러움, 입자감, 매끄러움, 목 넘김 등
방향	코로 느끼는 (orthonasal) 입으로 느끼는 (retronasal)	식품의 온도 식품의 외관	입부터 식도로까지 느끼는 온도, 외관, 코로 느끼는 냄새

오미五味는 단맛, 신맛, 쓴맛, 짠맛, 감칠맛

| 1 | 커피의 주요 맛은 단맛, 신맛, 쓴맛이라 일컬어지며 이는 관능적으로 감지할 수 있다. 다만 짠맛과 감칠맛은 감지하기 어려울지도 모르겠다. 오미[6]의 표(198쪽)를 만들었으니 참고하기 바란다.

단맛sweetness을 불러일으키는 자당은 생두에 6~8g/1,000g 함유돼 있는데 로스팅 과정에서 캐러멜화[7]해 단향을 내는 하이드록시메틸푸르푸랄[8] Hydroxymethylfurfural, HMF 등 복합적인 생성물이 된다.

| 2 | 커피의 산미는 구연산 등에 의해 생겨나는 맛Acidity이다. 초산(아세트산), 사과산, 퀸산 등이 조합되어 복합적인 산미를 형성한다.

| 3 | 쓴맛은 생두에 1~2% 함유된 카페인, 클로로겐산 등을 대표하는 물질에 의해 생겨나는 미각Bitterness인데, 이 물질을 감지하는 건 어렵다고 한다. 커피의 경우 자당과 아미노산의 메일라드 반응으로 생성되는 메일라드 화합물의 영향도 있는 것으로 보인다.

| 4 | 감칠맛은 커피 생두에 함유된 글루탐산나트륨(아미노산 전체 양의 22%가량), 이노신산나트륨(전체의 9%가량) 등 아미노산에 의해 생겨나는 감각Umami이다. 아미노산은 로스팅 과정에서 메일라드 반응을 거쳐 향 성분과 메일라드 화합물로 변한다. 따라서 관능적으로 인식하기 어려울 수 있겠지만

---

6 198쪽 표를 보라.
7 《미각을 과학한다》 토코 키요시, 카도카와 학예 출판, 2002, P15

8 《커피처방전》 오카 키타로, 의약경제사, 2008, p69

우리는 이 맛에 익숙하므로 여러 번 훈련하면 감지할 수 있다. 추출액에도 미량의 글루탐산이 함유되어 있다.

| 5 | 떫은맛은 타닌 등을 대표하는 물질에 의해 생겨나는 미각Astringency으로, 커피에서는 미숙두 등에 의한 결점의 맛이 된다.

| 6 | 짠맛은 식염 등을 대표하는 물질로 생겨나는 미각saltiness으로 커피에는 그다지 관계가 없다.

그 외 후미는 커피를 마신 후, 구강이 비었는데도 입안에 남는 지속성의 감각Aftertaste이다.

| 7 | 이밖에도 커피를 마실 때 혀와 치주에서 느껴지는 촉각 등의 종합적인 감각Mouthfeel과 시료가 지닌 향미의 풍부함, 입안 촉각기관을 자극함으로써 느껴지는 감각Body[9] 등이 있다. 이 책에서는 이 모두를 종합적으로 일컬어 바디라고 한다.

가장 핵심적인 제1층[10]의 바디는 기름과 당분과 국물(다시)의 3요소로 하며, 제2층의 바디는 걸쭉함, 끈끈함 등의 식감, 농후함, 향으로 구분하는 연구도 있다.

이 책에서는 향과 오미와 바디를 합한 미각, 후각 등의 종합적인 감각을 풍미Flavor라는 말로 표현하고 있다.

---

9 **바디** 두께, 풍부함, 바디가 있는 등으로 표현된다. 식품에서는 성게, 명란, 계란, 오징어젓, 치즈, 카레라이스 등을 일컬어 바디가 있다고 표현한다.

10 《맛과 맛의 비밀》 후시키 토오루, 신쵸사, 2005, p98

오미

	주요 물질	의미하는 것
단맛	자당, 포도당, 인공감미료	에너지원
짠맛	나트륨 이온으로 대표되는 금속계 양이온	체액 밸런스에 필요한 미네랄
감칠맛	글루탐산, 이노신산나트륨	생물에 불가결한 아미노산 등
신맛	초산, 구연산 등이 전리되어 만들어진 수소이온	신진대사 촉진, 부패 신호
쓴맛	카페인, 퀴닌 등	독성의 경고

단맛

짠맛

감칠맛

신맛

쓴맛

SCA의 커핑

| 1 | 　2004년경부터 SCA 관능평가 방식이 운용되기 시작했다. SP는 결점두 혼입이 적기 때문에 커머셜커피처럼 결점의 향미를 찾기보다 뛰어난 향미를 객관적으로 비교·평가하는 데 주안점을 두었다. 당시 이 평가방법은 획기적으로 받아들여졌다.

　SCA가 이 커핑을 SP 평가법으로 보급한 이후 CQICoffee Quality Institute가 Q그레이더[11] 양성을 지속해오고 있다. 2000년대 말부터는 생산국 및 소비국으로 침투해 품질평가의 기준으로 자리잡는 추세다.

| 2 | 　우선 생두 350g 중 결점두(미숙두, 벌레두, 쪼개진 콩)를 체크해 5결점 (5알에 1결점 등) 이하를 SP로 본다. 단, 발효두는 1알이라도 혼입되어 있으면 SP 취급을 하지 않는다.

| 3 | 　다음으로 결점두가 적은 생두를 로스팅해 커핑하고 평가한다. 이 커핑 방법은 SCA 규약protocol에 정해져 있다.

　이를 《커피 교과서》[12]에서도 소개했지만, 다시 한번 정리한다.

---

11 Q그레이더 SCA가 정한 기준과 순서에 따라 커피를 평가할 수 있는, CQI가 인정하는 기능자를 말한다. 자격은 종신으로 이어지지 않고, 3년에 한 번씩 갱신 시험을 치른다. CQI: http://

www.coffeeinstitute.org http://www.scaa.org/PDF/resource/cupping-protocols.pdf

12 《커피 교과서》 호리구치 토시히데, 신성출판사, 2010, p64~69

❶ 로스팅은 8~12분에 미디엄로스트가 되도록 한다(SCA 컬러스케일로 55~60/Roast color classificition system).

❷ 로스팅 후, 8~24시간 이내에 실시한다.

❸ 유리 용기에 8.5g 가루를 넣고 향을 맡는다(프래그런스).

❹ 93℃ 물 150ml에 붓고 향을 맡은 뒤, 4분이 지나면 가루층을 스푼으로 깨서 향을 맡는다(아로마).

❺ 표면에 떠 있는 거품 등을 걷어낸 후, 스푼으로 소량을 떠서 강하게 흡입해sluping(액체를 마시든 뱉든 무방하다) 구강 내의 향미를 느낀 후 평가한다.

이 평가는 복수의 인원으로 진행하는 경우가 많은데, COVID-19 대책으로 교차오염Cross-contamination을 피하는 수정 프로토콜이 다음과 같이 작성되었다.

❶ 각 커핑 참가자에게는 커핑스푼과 함께 개별 쇼트글래스가 제공된다.

❷ 샘플 컵을 커핑 테이블에 둔다.

❸ 주최자가 청결한 스푼으로 커피 가루층의 가루를 뜬다

❹ 참가자는 스푼을 사용해 커핑 볼에서 샘플을 덜어, 각자의 쇼트글래스에 넣는다.

❺ 참가자는 이 스푼을 사용하지 않고 쇼트글래스로 직접 맛을 본다.

쇼트글래스로 커피를 슬러핑하기 위해서는 샘플과 샘플 사이에 쇼트글래스를 온수로 씻어야 한다. 글래스에 붓는 물과 뱉기 위한 타구컵도 준비해야 한다. 스푼은 커피를 쇼트그래스에 떠서 옮기는 데만 사용한다. 각 커핑 세션 사이에 커핑 테이블 표면을 소독한다.

| 4 | SCA가 개발한 커핑 평가항목의 내용은 아래 표와 같다. 각 항목은 10점 만점(합계 100점 만점)으로, 결점이 나올 경우 감점된다.

SCA 커핑 폼 평가항목

평가항목	내용	향미 표현 사례	평가방법
Aroma	가루 및 액체의 향	꽃 같은	
Flavor	마셨을 때와 코로 빠질 때의 향	특징적인 향미	
After taste	혀에 남는 맛의 길이 등	단 , 긴 여운	
Acidity	산미의 강약과 질	감귤계 과일의 산미	정량평가로 10 점 만점
Body	점성 , 혀의 감촉 , 맛의 두께	바디가 있는 , 복합적	
Balance	산과 바디의 밸런스	밸런스가 좋은	
Overall	조정 및 평가자의 감각		
Clean cup	추출액의 클린함	혼탁함이 없는	
Uniformity	추출액의 맛 균일성	복수 컵의 맛이 균일함	결점의 맛이 없으면 10 점이 된다 .
Sweetness	단맛의 강도	단맛이 있음	

커피 향미를 감지하는 감각은
식문화에 따라 달라진다

| 1 | 커피 풍미를 느낄 때, 유럽인·미국인과 우리 사이에는 감각적 차이가 있다. SCA가 개발한 관능평가표Cupping Form[13]는 훌륭하지만, 그 항목에는 쓴맛bitterness과 감칠맛Umami이 없다. 그러나 우리의 식생활 속에는 봄의 쓴맛(머위, 죽순, 고사리, 취나물 등)이 있다. 따라서 관능평가 지표에 쓴맛을 넣어도 좋지 않을까 싶다.

다만 평가 기준을 작성하기 위해서는 조금 더 연구가 필요하다고 판단, 현재 커피의 아미노산에 대한 연구가 진행되고 있다.

| 2 | 지난 15년간 SCA 관능평가표를 사용해 커피를 커핑하기 위해 방대한 양과 종류의 생두를 구매했다. 또 스스로 공부도 할 겸 테이스팅회라는 세미나를 개최하며 많은 분에게 평가방법을 알려왔다.

나아가 평가를 위해 SCA 플레이버휠[14]의 어휘를 참고하기도 했다. 이 같은 SCA의 평가방법에 경의를 표한다. 다만 이 책에서는 좀 더 간결한 방법으로 추출액을 평가해보고자 한다.

---

13 SCA 관능평가표 80점 이상이 스페셜티커피. 204쪽 사진 참고.
14 SCA 플레이버휠 203쪽 하단 왼쪽 사진 참고.

203쪽 하단 오른쪽 사진은 WCR 센서리 렉시콘의 휠이다.

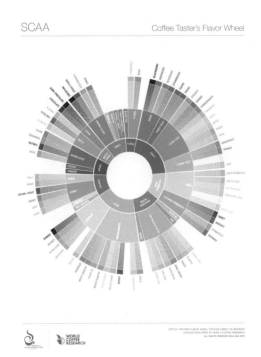

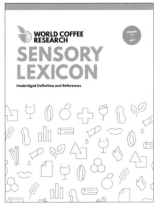

https://worlacoffeeresearch.org

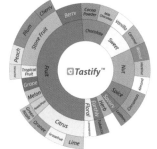

https://tastify.com/

필자는 2005년부터 2019년까지 이 커핑표를 사용해왔다.

커피 테이스팅이란

| 1 |　커피의 풍미는 복합적이다. 생두에는 다양한 성분이 함유돼 있으며, 이를 로스팅할 때 화학반응에 의해 성분 변화가 일어난다. 미량 함유된 각종 유기·무기화합물이 복잡하게 결합하면서 개성적인 풍미를 만들어내는 것이다. 테이스팅[15]이란, 커피를 마실 때 '커피의 맛있는 풍미란 무엇인가?' '커피는 왜 맛있을까?' 등에 대해 판단하는 것이라 할 수 있다.

| 2 |　커피 테이스팅은 향(후각)과 맛(미각), 텍스처(감촉)의 3단계로 이루어진다.

❶ 향[16](후각, Aroma)

로스팅에 의해 만들어지는 휘발성 성분이 많을수록 강하게 느껴진다. 따라서 먼저 그 휘발성 성분을 두 가지 측면에서 평가한다.

코로 직접 맡는 전비강 아로마Orthonasal Aroma의 향과 냄새를 체크하고, 입에 넣은 뒤 코로 빠져나오는 후비강 아로마Retronasal Aroma도 체크한다.

---

15 테이스팅 이 책에서는 단순한 커핑을 넘어 생두의 품질을 평가하고 추출액의 맛 전체를 평가하는 말로 사용한다.
16 향 일반적인 식품에서는 후비강 아로마가 중요하지만, 나의 경우 전비강 아로마(가루의 향)로 대체적인 향을 파악한 후, 후비강 아로마로 다시 확인을 하고 있다. 《냄새와 맛의 신비》 히가시하라 카즈나리, 코유샤, 2013, p47

향의 종류

단독으로 커피 향을 발현할 수 있는 성분은 없으며 산지 특유의 성분도 인정되지 않는다. 로스팅 과정에 의해 향기의 총량은 증가하지만 모든 향기 성분이 증가하는 것은 아니다. 다만 조성 밸런스에 변화가 생긴다. 또한 가스크로마토그래피[17]가 감지하는 향기가 사람에게 곧장 향으로 감지되는 것은 아니다.

❷ 맛(미각)

추출액의 수용성 물질을 신맛, 쓴맛, 단맛 등 감각으로 평가하는 것이라 할 수 있다. 그러나 커피의 맛은 로스팅에 의한 화학반응에 따른 것도 많아서 복잡하다.

주로 산미Acidity, 클린함Clean, 단맛Sweetness을 평가한다. 단맛은 보통 혀에 남는 여운으로 감지한다.

❸ 텍스처(입안의 감촉, 촉감)

구강의 감촉(말단신경)에 의한 것이다. 말단신경은 커피 섬유의 미립자 등으로 이루어진 고형물질을 점성으로 느낄 가능성이 높고, 텍스처는 바디라는 언어로 표현할 수 있다. 바디에는 메일라드 화합물과 극미량의 지질 등이 영향을 주는 것으로 보인다.

---

17 가스크로마토그래피(Gas Chromatography, GC) 기화하기 쉬운 화합물의 분류·정량에 이용되는 분석기.

|3| SCA의 관능평가표는 잘 만들어진 것으로, 나는 과거 15년간 테이스팅에 이 관능평가표를 사용해왔다. 또한 학위논문을 위한 관능평가에도 국제적으로 인지도가 높은 SCA 평가표를 사용했다.

그러나 최근 몇 년간 고품질 생두가 다양해지면서 SCA의 관능평가표를 그대로 사용하는 데 다소 무리가 있다고 느꼈다. 이유는 '평가항목이 10개나 되어 많고 어려우며' '2010년 이후 고품질 커피에 대한 점수 부여 방법이 애매해졌고' '내추럴 커피에 대한 평가 기준이 없으며' '쓴맛과 감칠맛 평가항목이 없다'는 점 등이다.

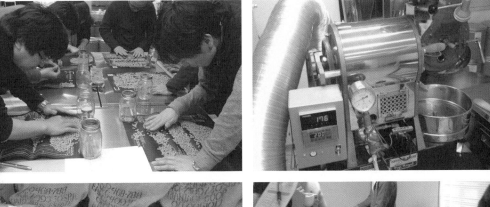

필자는 2005년부터 매월 테이스팅 세미나를 주최해왔다(사진). 커핑을 중심으로 생두 감정, 로스팅, 핸드피크 등도 진행한다. 현재 진행하는 세미나의 '테이스팅 중급'에 해당된다.

새로운 테이스팅 평가항목이란

| **1** | 이 책에서는 관능평가 항목을 5개로 줄여 간소화했다. 워시드 커피는 Aroma, Acidity, Body, Clean, Sweetness 등 5개 항목, 내추럴은 Sweetness 대신 Fermentation 등 5개 항목으로 했다. 각 평가항목은 Aroma를 제외하고 이화학적 수치와 관련되어 있다.

평가는 항목당 10점 만점으로 간소화했으며, 만점은 50점이 된다.

관능평가 중요도의 비율

각 평가항목 가운데 무엇을 중시할지에 관한 근거는 아직 명확하지 않지만, 개인적으로는 Aroma, Clean, Sweetness를 베이스로 하여 Acidity와 Body를 중시하였다.

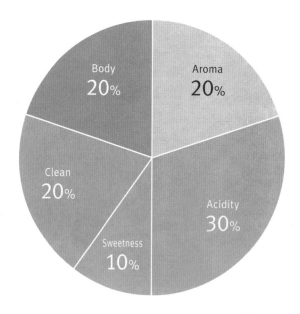

테이스팅 평가 기준에 대하여

| 1 | SCA와 SCAJ 등이 만들어 세계적으로 알려진 관능평가 항목은 각 협회가 보급에 주력한 결과, 평가 견해가 어느 정도 축적되었다. 그러나 누구나 사용할 수 있는 명확한 평가 기준이라고 보기 어려운 측면도 있다. SCA의 뛰어난 부분을 계승하고 새로운 평가에 사용하기 쉬운 기준(210쪽)을 설정해 점수표(210쪽 표)를 작성해보았다. 다만 이는 완성형이 아니다. 향후 많은 분들과 협의해 더 좋은 방향으로 개선하고 싶은 마음에 여기 소개한다.

| 2 | SCA, SCAJ의 평가는 미디엄로스트를 기준으로 삼지만, 새로운 평가 방식에서는 시장에 유통되는 커피라면 어떤 로스팅으로든 평가할 수 있도록 했다.

❶ Aroma(향)

가루 및 추출액의 향을 맡을 때 향의 강도와 기분 좋음으로 판단한다. 마신 후 코로 빠져나오는 향도 가미한다. '꽃 같은' '과일 같은' 향을 연상할 수 있으면 최고점을 10점으로 하고, 향이 느껴지지 않을 경우 1점으로 평가한다.

평가항목과 그 기준

평가항목	이화학 성분 / 기준치	향미 표현
Aroma	향기 성분	꽃 같은 향
Acidity	pH, 총산량, 유기산 조성 pH 4.75~5.15, 구연산	산뜻함, 감귤계 과일의 산, 화사한 과일의 산
Body	지질량, 12~19g / 100g	매끄러운, 복합적인, 두께가 있는 크리미함
Clean	산가 1.5~8.0	혼탁함이 없는, 클린한, 투명감, 건전한
Sweetness	자당 총량 6~8g / 100g	허니, 자당, 여운 5g/1L 수용액 이상의 단맛
Fermentation		발효취가 없는, 은은한 과육 냄새

10점 평가 기준(점수표)

항목	10~9	8~7	6~5	4~3	2~1
Aroma	향이 훌륭함	향이 좋음	향이 있음	향이 약함	향이 없음
Acidity	산미가 매우 강함	산미가 기분 좋음	약간 산미가 있음	산미가 약함	산미가 없음
Body	바디가 충분히 있음	바디가 있음	약간 바디가 있음	바디가 약함	바디가 없음
Clean	매우 클린한 맛	깨끗한 맛	깨끗한 편	약간 탁함	탁함
Sweetness	매우 달다	달다	약간 달다	단맛이 약함	단맛이 없음
Fermentation	발효취가 없음	미세한 발효취	약간 발효취	발효취 있음	발효취 강함

❷ Acidity(산미)

미디엄로스트의 경우 pH는 4.75~5.15의 폭이 있는데, 0.4의 차이는 매우 크며, 0.25의 차이로도 충분히 감지할 수 있다. 산미는 향미의 윤곽을 형성하고, 맛에 깊이를 더하기 때문에 산미가 강한 쪽이 좋은 평가를 받는다.

미디엄로스트의 경우라면, 레몬에 많이 들어 있는 감귤계 과일의 구연산 맛은 높은 평가를 받으며, 식초 초산의 신맛은 낮은 평가를 받는다. 구연산 베이스인 감귤계 과일의 산미를 느낄 수 있다면 7점 이상, 나아가 다른 과일 감까지 함께 느껴지면 8점 이상으로 평가한다.

시티로스트의 경우 pH 5.20~5.40가 되며 산은 감소하지만, 여전히 산미를 느낄 수 있다면 높은 점수를 받을 수 있다. 프렌치로스트의 경우 pH 5.6 정도로 산미는 더욱 느끼기 어려워지지만, 은은하게 산미가 감돈다면 좋은 점수를 준다.

산미가 강한 콩은 강한 로스팅을 하더라도 향미에 흔들림이 없어 높은 평가를 한다.

산미와는 반대로 쓴맛이 생기기 시작하므로, 쓴맛의 질도 이 항목으로 평가한다.

❸ Body(바디)

주로 지질 함유량에 영향을 받는다. 자당과 아미노산의 메일라드 반응에 의한 멜라노이딘(메일라드 화합물), 추출액에 함유된 수용성 섬유질 등의 영향도 받는 것으로 보인다. 생두에 지질량이 많은 커피일수록 점성, 맛의 두께 등을 느낄 가능성이 높아진다.

점성, 크리미한 감촉과 함께 복합적인 풍미라면 8점 이상, 얇고 두께가 없는 맛은 4점 이하가 된다. 로스팅이 강해지더라도 동일하게 평가한다.

일반적으로 티피카, 파카마라, 게이샤는 부르봉종에 비해 바디는 약하다. 그러나 바디에는 질적인 측면도 있어서 티피카의 경우 실키한 감각이 있다면 8점 이상으로 하고, 없다면 낮게 평가한다. 만델린 등은 벨벳 같은 점성이 느껴질 경우 9점 이상으로 하며 점성, 두께, 농도가 느껴지지 않을 때는 4점 이하로 평가한다.

주의해야 할 점은, 바디=무거운 맛이 아니라는 사실이다. 무거운 맛은 입안 감각이 기분 좋은 것이 아니라, 잡미와 추출 과다 향미가 되었을 때 느껴진다. 이 평가는 어떤 로스팅에서든 할 수 있다.

❹ Clean(깨끗함)

커피 추출액의 클린함은 섬세한 풍미를 느끼게 해준다.

지질의 열화가 적은 콩, 결점두 혼입이 적은 콩은 클린한 인상을 준다.

일반적으로 워시드는 맛이 클린하고 내추럴은 약간의 탁함을 동반하지만, 이 항목의 주요 기준은 지질의 열화 정도에 있다. 주로 경시변화에 의한 탁함과 열화된 맛을 체크하고, 그 다음으로 결점두 혼입에 의한 잡미를 판단 기준으로 한다.

경시변화가 없고 잡미가 없이 클린하면 8점 이상, 반대로 지질의 열화에 의해 건초와 같은 향미가 나오면 그 정도에 따라 4점 이하로 한다.

추출액의 클린함은 로스팅 강도에 상관없이 평가할 수 있다.

브라질산 내추럴과 펄프드내추럴 커피는 약한 탁함을 동반하는 경우가 종종 있는데, 이는 산지 특유의 토양에 의한 것이다. 어디까지나 생두의 경시변화 측면에서 평가해야 하며 탁한 느낌이 강한 것은 낮은 평가를, 에프터테이스트의 느낌이 좋으면 높은 평가를 한다.

❺ Sweetness(단맛)

생두의 자당 함유량이 높으면, 캐러멜화 및 메일라드 반응에 의해 단향을 만들어낸다. 단맛 미각 테스트는 물 1L에 설탕 4g을 녹인 수용액과 순수액이 구별되는지로 확인하는데, 커피의 경우 다른 맛에 가려서 단맛을 느끼는 것이 어려울 수 있다. 그러나 익숙해지면 입에 넣었을 때와 애프터테이스트에서 단맛을 감지할 수 있다. 벌꿀과 설탕(자당) 등의 단맛을 느낄 경우, 또는 그것이 길게 지속되면 8점 이상으로 한다.

로스팅이 강한 커피를 추출할 때면 단향이 풍겨나오기 때문에 로스팅에 상관없이 평가한다.

❻ Fermentation(발효취)

건식(내추럴) 콩에 한해 Sweetness 대신 평가하는 항목이다. 과완숙두, 수확 후 체리의 발효, 수조(발효조)에서의 발효 같은 뉘앙스가 느껴질 경우 그 강도에 따라 4점 이하로 평가한다. 에티오피아산 G-1, 중미산 뛰어난 콩에 부정적인 발효취가 없다면 8점 이상, 미발효에서 좋은 향미로 판단되는 뉘앙스라면 6점 이상으로 평가한다. 발효취는 관능평가 항목 중 평가 기준이 가장 정비되지 않은 향미다. 따라서 커피 관계자들 가운데서도 판단 가능한 사람이 많지 않은 듯하다.

최근 미국의 마이크로 로스터에서는 발효된 콩이나 미세한 발효 상품이 판매되고 있는데, 기본적으로 정제 과정에 어떤 식으로든 문제가 생긴 제품이다. 올바른 정제를 통해 생긴 향미는 높게 평가한다.

최근 몇 년간 혐기성 발효[18] 실험이 활발해지면서 그들 중 일부가 유통되고 있다. 혐기성 발효Anaerobic Fermentation, 탄산가스침윤법Carbonic Maceration 등으로 정제한 콩 역시 내추럴처럼 발효취의 좋고 나쁨을 기준으로 평가한다.

18 **혐기성 발효** 기존의 내추럴 호기성 발효와 달리 체리를 탱크에 넣고 질소와 이산화탄소를 첨가해 무산소 상태에서 미생물 발효를 촉진하는 방법으로, 그 후 천일건조한다.

실제 관능평가 사례

| 1 |　실제로 관능평가를 해보자. 시료는 과테말라산, 콜롬비아산 SP와 CO 합계 4종이다. 평가에 앞서 기본적인 주의사항이 있다.

　생두 성분은 포장재나 보관창고에 의한 영향을 받아 경시변화한다. 생두 입항월(또는 통관일)은 중요하지만 알기 어렵기 때문에 평가일을 반드시 기록해둔다.

　로스팅한 날로부터 어느 정도 경과한 콩인지도 기록한다. 가루가 부푸는 모습이나 패키지에 기록된 유통기한 등으로 유추할 수 있다.

　몇 가지 콩의 향미를 비교할 때는 같은 생산국의 콩을, 같은 로스팅으로, 동일한 기간에 실시해야 한다. 입항 직후(가령 4월)와 반년이 지난 후의 콩은 상태가 다르기 때문에 우열을 가릴 수 없다.

| 2 |　구입한 콩의 데이터는 이후의 향미 비교에 도움이 되기 때문에 많을수록 좋다. 생산국, 생산지역(지구), 품종, 정제방법, 로스팅 정도 등 알 수 있는 범위 내에서 모두 기록해둔다.

| 3 |　4종의 미디엄로스트 커피를 SCA 방식과 새로운 10점 평가방법으로 테이스팅 해보았다(216쪽 표).

4종의 시료, 미디엄

생산국	등급	품종	정제	수송	포장	보관
콜롬비아	SP	카투라	W	Reefer	VP	정온 (15℃)
콜롬비아	CO	unknown	W	Dry	마대	상온
과테말라	SP	부르봉	W	Reefer	GP	정온 (15℃)
과테말라	CO	unknown	W	Dry	마대	상온

테이스팅 결과와 SCA 방식의 스코어

생산국	등급	관능평가	SCAA
콜롬비아	SP	산뜻한 산미, 오렌지, 귤의 단맛, 클린함	85.5
콜롬비아	CO	전체적으로 탁한 감, 약간 건초 향미가 있음	78.2
과테말라	SP	감귤계 과일의 산미, 명확한 바디감 밸런스가 좋음	82.6
과테말라	CO	전체적으로 탁한 감, 건초의 향미	77.7

새로운 10점 평가방법으로 실시한 관능평가 결과

생산국	등급	aroma	acidity	body	clean	sweet	합계
콜롬비아	SP	8	8	9	7	8	40
콜롬비아	CO	6	6	7	5	4	28
과테말라	SP	7	7	8	7	7	36
과테말라	CO	4	5	7	4	4	24

| 4 | 현재 SCA 관능평가에서는 파나마 게이샤에 95점을 주는데, 그 외 생산국 콩에 대해서는 90점 이상 평가기준이 애매하다.

그러나 이미 케냐, 에티오피아, 그 외 산지에서 최고 레벨의 풍미를 지닌 커피가 유통되고 있다. 예를 들어 케냐 키리냐가산의 훌륭한 팩토리의 로트는 미디엄부터 프렌치까지 다양한 로스팅에서 복합적인 풍미를 만들어내기 때문에 새로운 10점 평가방법에서는 45점 이상을 줄 수 있다. SCA 관능평가에서도 95점 이상 줘야 한다고 본다.

| 5 | 새로운 방식을 적용해 생산지별로 몇 종류의 커피를 평가해보았다 (218쪽 표).

새로운 스코어 기준

점수	내용
45 점 이상	매우 뛰어난 품질과 향미의 커피. 돌출된 개성이 있으며, 쉽게 경험할 수 없는 레벨. 클린하고 화사하고 수려. SCA 기준으로 90 점 이상에 해당.
40 점 이상	뛰어난 품질과 풍미의 커피. 풍미에 개성이 있으며 귀한 커피. SCA 기준으로 85 점 이상에 해당
35 점 이상	좋은 품질과 풍미의 커피. 범용품에 비해 결점의 향미가 적음. SCA 기준으로 80 점 이상에 해당.
34 점 이하	범용품. 풍미의 개성은 약함. 결점의 향미는 보이지 않음.
30 점 이하	범용품. 풍미에 특징이 없음. 약하게 결점 향미와 탁함을 느낌.
25 점 이하	범용품. 약하게 선도 열화됨. 약하게 결점 향미가 있음.
20 점 이하 15 점 이하	선도가 열화한 상태. 결점 향미가 있음. 풍미에 혼탁함이 있음. 품질, 풍미가 나쁜 커피.

케냐 키리냐가, 2018-2019크롭, 동일 팩토리의 콩

로스팅	pH	Brix	테이스팅	평가
하이	5.2	1.2	꽃향기, 서양배, 복숭아 등의 단향이 있으며, 클린함. 과거 10년간 체험 속에서 두 번 맛보기 어려운 풍미. 복합적인 풍미가 훌륭한 케냐.	48/50
시티	5.3	1.1	부드럽고 소프트함, 오렌지 산미와 벌꿀 같은 단 여운이 남음.	47/50
프렌치	5.6	1.1	자당(설탕)의 단맛, 흑당, 부드러운 쓴맛. 강한 로스팅임에도 탄맛이나 연기취는 없고, 매끄러운 바디가 있음.	45/50

티피카, 워시드, 하이로스트, 2019-2020크롭

시료	수분	pH	Brix	aro	acid	bod	sw	clea	total	테이스팅
A	9.7	5.3	1.1	6	7	7	7	7	34/50	살짝 잡미, 탁한 감 있음
B	9.1	5.3	1	7	7	7	7	7	35/50	마일드하며, 밸런스가 좋은 풍미
C	9.2	5.3	1	7	8	8	8	8	39/50	부드러운 산미에 벌꿀 같은 단맛
D	10	5.2	1	8	8	8	8	8	40/50	둥근 산미 안에 설탕의 단맛

브라질, 내추럴, 미디엄로스트, 2019-2020크롭

시료	수분	pH	Brix	aro	acid	bod	sw	clea	total	테이스팅
A	10.1	5.1	1.2	6	5	5	6	5	27/50	문도노보종, 탁함, 혀에 거친 느낌
B	10.9	5.1	1.3	6	5	7	6	6	30/50	부르봉종, 약간 바디가 있음
C	11.7	5.1	1.2	6	5	5	5	6	26/50	문도노보종, 미숙두에 많은 떫은맛
D	9.5	5.1	1.1	7	7	7	7	7	35/50	부르봉종, 감귤계 과일의 산미

수분: 생두의 수분치(%) aro : aroma acid : acidity bod : body sw : sweetenss clea : clean

블렌딩에 대하여

1990년 내가 개업할 당시, 대부분의 커피숍에는 단순히 '블렌드'라는 메뉴만 표기돼 있었다. 일부 커피전문점이 콜롬비아, 브라질, 또는 프리미엄 블루마운틴 등을 제공하던 시대였다. 그 커피들은 블렌드와 대응해 스트레이트라고 불렸다. 블렌드는 로스팅 회사의 오리지널 배합으로, 커피숍에 들어온 고객들은 '커피'보다는 '블렌드'를 주문하곤 했다.

나는 개업했을 당시 알기 쉽게 네이밍한 '부드러운 블렌드' '산뜻한 블렌드' '맛깔스러운 블렌드' '깊은 맛 블렌드' 등 네 가지 블렌드를 판매했다.

그 후 2000년대로 들어서면서 생산국의 농장 명이 붙은 커피가 조금씩 유통되었고, 로스터리숍들이 적극적으로 그 커피를 판매하기 시작했다. 2010년경부터 생산국과의 거리는 더 가까워졌다. 미국의 서드웨이브 영향까지 거들면서 '싱글오리진'(이하 SO)이라는 말이 유행하고, SO 붐이 일었다. SO가 아니면 커피가 아니라는 풍조까지 나타나기 시작했다. 물론 뛰어난 품질의 커피는 개성적인 풍미를 지니므로, 그대로 마시는 게 좋을 수도 있다.

그러나 30년간 커피업을 해온 경험으로 한마디 하자면, 세상이 아무리 바뀌어도 회사나 카페가 주체적으로 만들어내야 할 블렌드의 향미는 꼭 있어야한다는 견해에는 변함이 없다.

정보를 빠르게 접할 수 있는 지금은 오히려 도매상이나 수입상의 동일 생두만이 유통되어 어느 로스터리숍을 가든 똑같은 SO를 판매하는 경향이 강해지고 있다. 다양한 커피 맛을 경험할 수 없는 상황이 펼쳐지는 셈이다.

나는 많은 SO를 사용하지만, 동시에 다양한 블렌드를 만들어왔다. SO 붐이 시작되던 2013년에 발 빠르게 블렌드를 정리해 만들어낸 것이 No.1부터 No. 9이다.

이 블렌드의 특징은 No. 1 하이로스트부터 No. 9 이탈리안 로스트까지 서서히 로스팅 강도를 높이는 것과 함께, 각 블렌드를 맛으로 정리했다는 점이다.

개성적인 풍미의 SP를 사용해 더욱 새로운 풍미를 창조하겠다는 획기적 시도였다. 이 블렌드의 풍미를 매년 유지하기 위해서는 30종 이상의 SO를 상비해야 한다. 로스팅 횟수도 늘어나기 때문에 대형 로스터로 한 번에 로스팅하기가 어렵다. 손이 많이 가는 작업인 셈이다.

시그니처 블렌드 9개 외에도 '뉴이어 블렌드' '프리마베라 블렌드' '서머 블렌드' 'PaPa 블렌드' 등 계절 한정 블렌드가 있다.

호리구치커피 블렌드. SP 블렌드는 값싼 콩을 사용해 생산단가를 낮추기 위해 만드는 것이 결코 아니다.

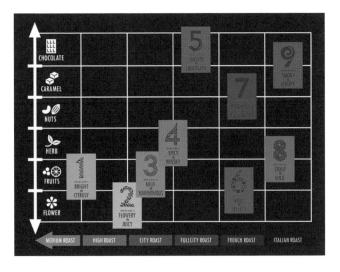

블렌딩의 목적에 대하여

| 1 | 많은 싱글오리진 커피가 유통되면서 각 생산지의 풍미가 조금씩 인식되고 있다. 그런 상황에서 소비국의 몇몇 로스터들은 각 생두의 장점을 토대로 좀 더 새로운 풍미를 창조해내려 노력하고 있다.

새로운 블렌드를 만들기 위해서는 고정관념에 얽매이지 않는 상상력이 필요하다. 머릿속에 그려둔 풍미의 이미지를 표현하는 것은, 감성의 세계라고 여겨진다. 커피의 성분구성은 복잡하다. 따라서 블렌드의 궁극적 향미는 싱글오리진에는 없는 복합적인complexity 것이 된다.

블렌드를 만드는 데는 몇 가지 기본적인 개념이 있다.

❶ 자신의 회사를 상징하는, 시그니처 맛으로 만들어낸다

'그 카페의 블렌드는 마시기 편해' '그 블렌드는 질리지 않아'처럼, 그 카페를 상징하는 시그니처로서 블렌드의 존재 가치가 있다.

커피는 계약한 농장의 기후변화에 의해서도 풍미가 미묘하게 달라지기 때문에 매년 같은 맛을 제공하는 건 의외로 쉽지 않다. 그러므로 그때그때 배합을 달리하거나 다른 콩을 사용하는 등 유동적인 대응이 필요하다.

보르도의 샤토에서 카베르네 소비뇽, 카베르네 프랑, 메를로의 배합을 매년 미묘하게 달리하는 것과 비슷하다고 생각하면 된다.

❷ 풍미를 안정시킨다

한 해 동안 같은 블렌드를 마셔보자. 생두 성분은 경시변화하기 때문에 반드시 풍미가 들쑥날쑥할 것이다. 주로 유기산과 지질량이 감소하므로, 1년 내내 같은 로트의 콩을 사용하면 풍미는 영향을 받는다. 따라서 기본 블렌드는 산지와 품종으로 결정하는 것이 아니라, 풍미로 결정해야 한다. 결론을 말하자면, 블렌드의 풍미 콘셉트에 맞추기 위해서는 어떤 콩을 사용해도 무방하다. 이 차이를 최소한으로 억제할 수 있는 사람이 훌륭한 블렌더이다.

❸ 싱글오리진에는 없는 풍미를 만들어낸다

SP 풍미는 개성적이다. 따라서 각각의 풍미가 서로 부딪히는지 조화로운지를 파악하는 것이 중요하다. 에티오피아, 케냐, 수마트라 등 개성적인 콩은 블렌드를 통해 새로운 향미를 만들어낼 여지가 많다. 적극적으로 사용하기를 권한다.

❹ 블렌딩에 사용할 이유가 없는 콩

게이샤, 파카마라, 하와이 코나, 자메이카산 블루마운틴 등의 가격을 보완하기 위해 다른 콩들과 블렌드하고 싶을지 모른다. 하지만 이 콩들은 블렌딩할 경우 개성이 흐려질 뿐이다. 그러므로 피하는 게 좋다.

❺ SP와 CO를 블렌딩하지 않는다

풍미가 풍부한 콩과 평범한 콩 또는 안 좋은 풍미를 지닌 콩을 블렌드하는 것은 절대 해서는 안 된다. 커피의 풍미는 나쁜 쪽으로 이끌려가기 때문이다.

❻ 어느 단계에서 블렌딩해야 하는가

먼저 생두를 블렌딩해서 로스팅하는 '프리믹스'와 개개의 콩을 로스팅한 후 블렌딩하는 '에프터믹스'가 있다.

프리믹스는 효율이 좋고 편하지만, 콩의 형상과 수분치가 각각 다르므로 풍미의 안정성은 낮다. 에프터믹스는 로스팅 후에 블렌딩하기 때문에 공정이 번거롭지만, 풍미를 표현할 수 있는 폭이 넓어진다.

❼ 블렌드 이름에 산지를 넣는다

블렌드 이름에 산지 명[1]을 넣는 건, 그 산지의 커피가 생두 기준 30% 이상

2019년 Papa 블렌드

기본 추출(3분에 30g, 360ml 추출)로 각 콩의 풍미를 확인한 뒤, 우리 회사에서 사용하는 최상급 SP 4종을 선택했다. 각 콩의 풍미가 조화로우며, 복합적이고 깊이 있는 풍미의 블렌드를 목표로 했다. 풍미를 보는 관점은 네 가지로 하였다.

생산국	pH	Brix	개성	여운	단맛	깔끔함	배합/g
에티오피아 내추럴	5.2	2.2	10	10	8	9	5
에티오피아 워시드	5.2	1.9	9	9	9	10	10
코스타리카	5.2	2.0	8	8	10	10	5
만델린	5.1	1.8	10	10	8	9	10

※ 필자가 20년 가까이 지속해오는 블로그 'papa일기'에서 검색하면 블렌드에 관한 상세 정보를 볼 수 있다. Https://www.kohikobo.co.jp/papa/

들어가야 가능하다. 또한 '최고급 블렌드' 등 최고급이라는 단어는 근거가 명확하지 않으므로 사용하지 않는 것이 좋다. '스페셜티커피'라는 말은, 그 회사 기준(SCA나 SCAJ의 기준에 준한 것)이 있다면 문제가 되지 않을 듯하다.

1 전일본커피공정거래협의회의 '레귤러 커피 및 인스턴트커피 표시에 관한 공정경쟁규약'에 의함.

블렌딩하는 방법

| 1 | 블렌드[2]를 만드는 구체적인 방법의 기본은 다음과 같다.

❶ 한 종류의 콩이라도 블렌드가 가능하다

블렌드에는 보통 몇 가지의 콩을 사용하는데, 동일한 생산지 콩이라도 로스팅 정도를 달리하면 훌륭한 블렌드가 되며 풍미의 깊이를 더할 가능성이 있다. 하이+프렌치 등 로스팅 정도가 너무 떨어진 것은 밸런스가 무너지므로 주의하는 게 좋다.

- 만델린 하이로스트 + 시티로스트
- 브라질 시티로스트 + 프렌치로스트

❷ 로스팅 강도가 같으면서 생산국이 다른 콩을 2종 이상 블렌딩한다

서로 다른 생산지의 콩을 블렌드하면 풍미에 깊이가 생긴다. 다만 각각의 맛을 제대로 파악할 필요가 있다. 많아야 3~4종 생산국에서 멈추는 것이 좋다. 우선 1:1:1처럼 동일 비율로 섞어 풍미를 보고, 조정해 나간다. SP이기 때문에 어떤 블렌드를 해도 이상한 맛이 나지는 않겠지만, 최종적으로는 SO 대비 '복합성' '신선함' '발견' '참신함'의 요소로 평가하는 것이 좋을 듯하다.

- 화사한 산미의 케냐 + 감귤계의 산미가 있는 콜롬비아
- 만델린 재래종의 바디 + 브라질의 바디 + 코스타리카의 산미

---

2 《커피 테이스팅》호리구치 토시히데, 시바타쇼텐, 2000, 20년 전의 블렌드 사례가 게재되어 있다.

❸ 로스팅 강도도 생산국도 다른 콩을 2종 이상 블렌딩한다

생산국 및 로스팅 강도가 다르므로 복합적인 풍미가 나타날 가능성이 높다.

- 코스타리카 프렌치로스트 + 케냐 프렌치로스트 + 과테말라 시티로스트

❹ 개성이 강한 콩끼리 블렌딩한다

개성을 중화하는 콩을 넣으면 밸런스가 맞춰질 가능성이 높아진다.

- (케냐 + 에티오피아) + 가교 역할을 하는 과테말라

❺ 워시드(W)와 내추럴(N) 콩을 블렌딩한다

전통적인 블렌딩 방식이다. SP 내추럴은 개성이 강하기 때문에 워시드의 풍미에 액센트를 부여하는 데 좋다.

- 에티오피아 워시드 + 에티오피아 내추럴
- 콜롬비아 워시드 + 브라질 내추럴

❻ 베이스가 되는 콩 40% 정도에, 2~3종 더해 블렌딩한다

전통적인 블렌딩 방식이다. 비교적 안정적인 풍미를 유지할 때 유효하다. 많은 가게가 이 방식에 가까운 블렌딩을 하고 있다.

- 고도가 높은 지역 출신 콩끼리.

  콜롬비아 40 + 코스타리카 30 + 에티오피아 30 (N)
- 부르봉종끼리.

  과테말라 40 + 르완다 40 + 브라질 20 (N)

부록 1

최신 생산국 가이드

부록 2

호리구치커피연구소의
세미나

부록 1
최신 생산국 가이드

SP가 발전하면서 각 생산국의 생산 이력이 요구되기에 이르렀다. 또 정제법이 복잡해지고 품종에 대한 관심도가 높아졌다. SP는 생산 이력이 명확해지면서 생산 로트(생산이 이루어지는 단위)가 작아져 생산지역이나 농원, 밀(스테이션 등의 가공장), 소농가 단위로까지 유통되고 있다.

2000년대 SP는 100마대 단위, 혹은 1컨테이너 단위(250마대/1마대 60kg 환산) 유통이 기본이었다. 로스터나 로스터리가 직접 생산자와 독점적 구매계약을 맺기에는 무리한 규모여서, 대기업 무역회사가 주요 구매를 담당했다.

2010년대로 접어들자 개성적인 풍미를 지닌 생두에 대한 요구가 좀 더 강해졌고, 생산 로트는 작아졌다.

콜롬비아에서는 생산지역 단위, 농협 단위, 소농가 단위 등으로 판매되고, 케냐와 에티오피아, 르완다 등 동아프리카에서는 수세가공장 단위(팩토리, 스테이션 등으로 불림)가 되었다. 코스타리카는 마이크로 밀 단위로, 중미는 농업과 품종 단위로 바뀌었다. 지난 20년 사이 커다란 변화를 겪은 것이다.

따라서 이제 생산국이라는 구분은 막연한 개념이 되었다. 생산국 중에서도 '누가, 어떤 장소에서, 어떤 품종을, 어떤 방법으로 만들었는가' 그리고 그 풍미는 어떤가'를 묻는 시대가 된 것이다.

생산국에 따른 풍미의 차

| 1 | 2010년 이후 SP 생산 로트는 점점 작아져서 생산국 단위로 풍미를 구분하는 것은 매우 어려워졌다.

각 생산국의 SP 풍미는 복합적이고 다양해졌다. 따라서 좋은 것을 구분해내기 위해서는 커피의 기초지식이 되는 생산지역, 정제방법, 품종 등을 이해할 필요가 있다. 나아가 그들 간 풍미의 차이를 제대로 이해하기 위한 테이스팅 스킬도 중요하다.

티피카종과 개성적인 생산국 SP 간 풍미 비교

※ 티피카종을 기준으로, 필자가 개성적인 풍미의 커피 품종과 비교한 것이다.

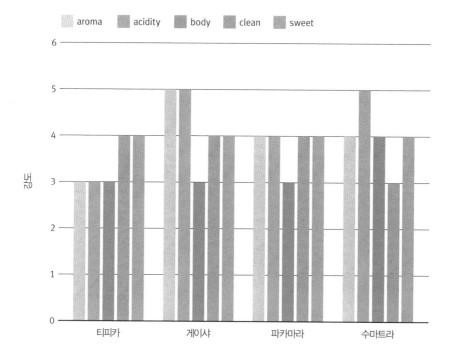

풍미를 이해하기 위해 중요한 10개 생산국 가이드

| 1 | 개성적인 풍미 커피로 알려진,

❶ 케냐 ❷ 에티오피아 ❸ 인도네시아 수마트라

고도가 높은 생산지의 콩으로서 특징이 있는,

❹ 콜롬비아 ❺코스타리카 ❻ 파나마

전통적으로 일본 수입량이 많은,

❼ 과테말라 ❽ 탄자니아 ❾ 브라질

및 생산량 세계 2위로 일본 수입량 역시 브라질 다음으로 많은,

❿베트남 등을 정리해 보았다.

각 생산국의 생산량과 수출량 및 국가별 일본의 생두 수입량

	생산량	수출량	일본으로 수입량	입항 시기[1]
케냐	930	860	14	5월~
에티오피아	7776	3976	445	5월~
인도네시아	9418	4718	506	2월~
콜롬비아	13858	12067	1070	통년
코스타리카	1427	1062	24	5월~
파나마	130	62	unk	5월~
과테말라	4007	3612	402	4월~
탄자니아	1175	1083	258	3월~
브라질	62925	37614	1866	1월~
베트남	31174	27474	1641	통년

※ 2018-2019크롭
단위는 1,000마대(1마대 60kg 환산)
ICO 데이터, 전일본커피협회

1 **입항 시기** 입항 시기는 SP를 기준으로 한다. 이보다 빠른 것도 있지만, 최근에는 늦어지는 경향이 있다. 또 각 생산국의 생산량 및 일본 수입량은 매년 달라진다.

케냐

세계의 커피 가운데 가장 산이 강하며,
과일의 향미가 풍부하다.

산지	니에리, 키리냐가, 키암부, 무랑가, 엠부 등
품종	주로 SL28, SL34 로 부르봉계의 품종
농가	소농가 70%(2ha 이하)는 완숙체리를 팩토리(가공장)로 가져옴
수확	9~12 월에 메인크롭으로 70%, 5~6월에 서브크롭으로 30%
정제 / 건조	팩토리에서는 워시드 정제 후 아프리칸베드에서 천일건조
수출 등급	AA=S17~18, AB=S15~16, C=S14~15, PB= 피베리
일본 입항	5월 이후, 매년 늦어지는 경향을 보이고 있음.

2000년대 초 농원산 생두가 소량 들어왔는데, 과일감의 풍미에 충격을 받았다. 2010년대에는 팩토리 커피가 유통되면서, 풍미가 좀 더 복잡해졌다. SP는 산미가 강하고 레몬, 오렌지 등 감귤계 과일에 라즈베리, 패션푸르츠, 살구, 토마토, 말린 푸룬 등 다양한 뉘앙스가 더해져 화사한 풍미이다. 세계에서 산미가 가장 강한 커피로 강한 로스팅에도 다양한 향미가 표현되는, SP 시장에서 매우 귀중한 커피 중 하나이다.

SL 종

핸드피크

드라이밀 마대 포장

에티오피아

아라비카종의 기원이며,
화사한 과일의 풍미가 넘친다.

산지	시다모, 예가체프, 하라, 짐마, 카파, 리무, 워레가
품종	재래계 품종
농가	대부분은 가든커피라고 불리는 소규모 농가 (평균 0.5ha)
수확	내추럴 10~3월, 워시드 8~12월
정제	CO 는 대부분 내추럴, SP 는 내추럴과 워시드가 있음
수출 등급	G-1 : 0~3, G-2 : 4~12, G-3 : 13~25, G-4 : 26~46 / 300g 결점수
일본 입항	워시드는 4월 이후, 내추럴은 8월 전후부터

1995년경 워시드의 예가체프 G-2가 일본에 들어왔고 그 과일감에 충격을 받았다. 2000년 후반부터 워시드의 G-1이 만들어졌고, 2010년대에는 내추럴 G-1이 탄생해 예가체프산 커피의 전성기를 이루었다.

워시드는 블루베리, 레몬티 같은 과일의 풍미가 강하고, 내추럴은 완숙한 과일과 레드와인 등의 뉘앙스가 느껴진다.

현재 예가체프 지역 이외 하라와 짐마 등에서도 고품질 커피가 개발되고 있다. 향후 새로운 풍미의 커피를 만날 가능성이 높은 곳이다.

커피나무

내추럴 건조

워시드 건조

인도네시아

수마트라식 건조방식이 세계에서도
유일한 개성을 만들어내고 있다.

산지	수마트라섬 북부 린톤, 아체
품종	재래계 품종, 수마트라섬에서도 아라비카종은 10% 정도
농가	소농가가 대부분
수확	주로 10~6월이지만 연중 조금씩 계속해서 수확한다.
정제/건조	다른 생산국과는 달리 생두를 건조한다.
수출 등급	G-1 : 0~11, G-2 : 12~25, G-3 : 26~44 / 300g 결점수
일본 입항	2월 이후

케냐산과 에티오피아 예가체프가 유통되기 전에는 개성적인 커피의 대명사였다. 오래전부터 일본에는 만델린을 좋아하는 사람들이 많았다.

수마트라 북부 린톤지구의 재래계 뉴크롭은 녹초, 잔디, 편백나무 향, 레몬의 강한 산, 트로피칼 과일 등의 풍미가 혼재해 매우 개성적이다.

다만 재래계 품종의 생산량은 적고, 대부분 카티모르 종계로 산미보다 쓴맛이 눈에 띈다. 재래종 콩은 경시변화와 함께 숲속 습한 냄새와 허브, 가죽 등의 풍미가 더해져 독특한 개성을 만들어낸다.

미국 로스터 중 일부에서는 이국적인 풍미로서 인기가 있다.

수마트라 재래종

수마트라식 내추럴

수마트라 생두

콜롬비아

남부현의 고도가 높은 산지 생두가 유통되기 시작하면서 풍미의 풍성함이 증가했다.

산지	안데스 산맥이 남북으로 길게 이어져 있으며 화산재 토양
품종	평균기온은 18~23℃로 18℃ 이하에서는 생육이 더디다
농가	대부분 소농가, 56만 세대 생산자가 전체의 70%를 생산
수확	북부는 11~1월, 남부는 5~8월. 메인크롭(수확량이 많음)과 서브크롭으로 연 2회 수확하는 지역도 있다.
품종	1970년대까지는 티피카종이 주류. 그 후 카투라종과 콜롬비아종으로 바꿔 심었다. 현재 재배 면적의 70%는 카스틸료종과 콜롬비아종이며, 30%가 카투라종
정제	워시드. 소농가는 작은 기계로 과육을 제거한 뒤 파치먼트를 수조(12~18시간)에 넣어 뮤실리지(점액질) 자연발효. 이후 물로 씻어낸 뒤 천일건조(7~10일) 한다
선별	드라이밀로 스크린 선별과 비중 선별, 전자 선별되어 수프리모(스크린 17 이상)와 엑셀소(스크린 15~16)로 나뉜다.
일본 입항	1년 내내 입항된다.

1990년대에는 이미 티피카종에서 카투라종으로 바뀌었지만, 티피카종도 조금 남아 있다. 그러나 페놀취(약품취) 문제(생산량이 증가하면서 발생하는 정제 불량과 곰팡이 등이 원인)가 있었다. 2000년대는 콜롬비아종(하이브리드 티모르와 카투라종 교배)이 늘고 녹병도 생기면서 품질이 저하되었다. 2010년 이후부터 게릴라 문제도 해소되고 남부 나리뇨현과 월라현산 SP가 개발되면서, 서서히 품질이 좋아지고 소농가의 훌륭한 콩이 유통되기 시작했다.

감귤계의 산뜻한 산미부터 농후하고 단 오렌지의 산까지 다양한 산미가 있다. 북부 마그달레나, 세사르현의 원두는 라이트 바디, 중부 톨리마현은 미디엄 바디, 남부 월라, 나리뇨현은 풀바디의 커피가 많아 보인다. 같은 콜롬비아라고 해도 산지에 따라 풍미가 많이 다르다. 따라서 산지를 확인한 다음 마시는 경험을 쌓으면 점진적으로 풍미의 차이를 이해할 수 있다.

소농가의 수확

나리뇨현

수확

소농가의 과육 제거

콜롬비아 농원

묘상

건조

티피카종

코스타리카

소농가가 자체적으로 정제하는 마이크로 밀을 만들어 생두 품질이 극적으로 향상되었다.

산지	따라주, 센트럴밸리, 웨스트밸리, 투리알바
품종	카투라, 카투아이, 빌라사치
농가	소농가, 일부 대농가. 현재는 마이크로 밀이 확대
수확	12~4월
정제	워시드 허니
건조	천일건조, 드라이어
수출 등급	SHB(Strictly Hard Bean, 1350m 이상), HB(Hard Bean)
일본 입항	대체로 5월 이후

2000년대까지는 대농가나 농협의 대량생산 방식이었다. 그러나 2010년대에는 마이크로 밀 수가 늘고 있다. 작은 로트로 생산하는 허니 프로세스가 확대되면서 크게 변화한 생산지라고 할 수 있다. 다만, 전체 생산량 가운데 마이크로 밀은 적고 그 수입량도 소량이지만 국제적인 평가는 매년 높아지고 있다. 감귤계 산을 베이스로 하며, 좋은 것은 잘 익은 과일의 단맛을 동반한다. 콩 질은 단단하고 바디가 풍부해서, 강한 로스팅에도 적합하다.

생산지

전문가 커핑

건조장

파나마

게이샤종, 내추럴 정제법 콩으로 SP 시장을 이끌고 있지만
유통량은 매우 적다.

산지	보케테, 볼칸
품종	게이샤, 카투라, 카투아이, 티피카종
정제 / 건조	워시드 및 일부 내추럴
수확	11~3월
건조	천일건조, 드라이어
일본 입항	5월 이후

2000년까지는 일본 수입이 거의 없었다. 2004년에 베스트오브파나마(인터넷옥션)에 게이샤종이 처음 등장했는데 마치 과일 자체 같은 향미와 식으면 주스 같은 인상으로 각광을 받았다. 현재 많은 농원에서 게이샤를 재배하고 있다. 나아가 다른 생산국의 게이샤종 재배에도 큰 영향을 주었다. 2010년대에는 몇몇 농원이 내추럴 정제에 도전해 발효취가 없는 고품질 생두를 생산하기 시작했다. 붉은계 과일과 레드와인을 연상시키는 향미가 일품이다. 본래 생산량이 적은 데다 고품질화로 방향을 정해 움직이는 생산국이라고 할 수 있다.

농원

개화

게이샤종

과테말라

2000년대부터 SP 를 이끈 생산국으로,
안정적인 품질의 커피를 생산한다.

산지	안티구아, 아카테낭고, 아티틀란, 우에우에테낭고 등
품종	부르봉, 카투라, 카투아이, 파체, 파카마라
정제/건조	워시드, 콘크리트나 적벽돌 등의 건조장에서 천일건조
수확	11~4월
수출 등급	SHB(Strictly Hard Bean, 1400m 이상), HB(Hard Bean, 1225~1400m)
일본 입항	4월 이후

1996년 스타벅스 일본 1호점이 문을 열었을
때, 메뉴판 과테말라 안티구아산이 적혀 있었
다(콜롬비아 나리뇨현과 함께).

당시 일본은 안티구아 등의 지역까지는 관심
을 두지 않았다.

ANACAFE(Asociacion Nacional del Café / 과
테말라생산자협회)는 2000년대에 생산지역
차이에 따른 프로모션을 펼쳐 SP 시장을 견인

했다.

안티구아 지역은 역사가 있는 농원이 많고, 품
질도 안정되어 있다. 안티구아산 부르봉종은
감귤계 과일 산미와 바디 간 밸런스가 좋아 부
르봉종의 풍미를 대표한다.

과테말라 안티구아 거리

부르봉종

건조장

탄자니아

북부지역 농원의 콩들 중
뛰어난 향미를 지닌 커피가 있다.

산지	북부산, 남부산 아라비가종 약 75%, 그 외는 카네포라종
품종	부르봉, 아루사, 블루마운틴, 켄트, N39
농가	전체 약 40만 생산농가로 추정되며, 그 중 90%는 2ha 이내의 소규모 농가
수확	북부 6~11월, 남부 5~9월
정제 / 건조	워시드, 아프리칸베드
수출 등급	사이즈, 결점수로 AA, AB, PB(피베리)
일본 입항	3월 이후

오래전부터 킬리만자로라는 이름으로 유통되었고 일본에서도 일찌감치 알려진 산지이다. SP는 북부산이 많고, 농원의 상품이 많이 유통되고 있다. 부르봉계 품종이 많아 보이지만, 혼재된 경향이 있다. 개성적인 풍미는 적고, 산미와 바디의 밸런스가 좋은 커피이다. 그다지 개성이 강하지 않아서 마시기 편한 커피를 찾는 사람들에게 좋은 커피라고 생각된다.

농원

탄자니아 산지

워시드의 수조

브라질

산미의 화사함과는 대척점에 있으며, 바디가 있는 커피이다.

산지	미나스제라이스 (남 미나스 , 세하도) 스피리토상투 등
떼루와	고도 450~1100m
재배	아라비카종 70%, 코니론 (카네포라종) 30%
품종	문도노보 , 부르봉 , 카투아이 , 마라고지페
수확방법	대형 기계 , 손으로 잎까지 훑어서 수확하는 스트리핑
정제	내추럴 , 펄프드 내추럴 , 세미워시드
건조	천일건조 또는 드라이어
수출 등급	결점수에 의해 결정되며 타입 2 에서 8 까지
일본 입항	1월 이후

세계 최대 커피 생산국으로 일본 수입도 가장 많으며, 많은 사람들이 이 향미에 익숙하다. 산미는 중미나 콜롬비아 등의 워시드에 비하면 매우 약하고, 바디가 있다.

고도 800m와 1100m 산지 간, 내추럴과 세미 워시드 정제 간 풍미 차가 있지만 전반적으로 생산지역 및 품종에 따른 풍미의 차이는 적은 느낌이다. 워시드의 클린한 커피와 달리 약하게 에프터테이스트에 흙먼지 맛 같은 탁함이 남는데, 워시드의 기준으로 평가하는 것은 옳지 않다고 생각된다.

농원

기계 수확

내추럴의 건조

베트남

카네포라종의 최대 생산지이다.

품종	카네포라종 97%, 아라비카종 3%(카티모르)
수확기	10~4월
수확량	Ha 당 2,3 톤으로 높은 수확량
정제	내추럴
일본 입항	1년 내내

일반 가정용 유통은 거의 없다. 베트남산 카네포라종은 아라비카종과 블렌딩한 후 저가 레귤러커피로 마트 등에서 판매되고, 저렴한 업무용 커피로도 이용된다. 또 대부분은 공장 생산 제품인 캔커피, 인스턴트커피의 원료로 쓰인다.

탄 보리차 같은 향미가 있으며 산미와 바디는 약한 편이다. 카네포라종은 카페인이 아라비카종보다 2배 많으며 쓴맛과 무거운 풍미에 지배된다. 식으면 떫은맛이 느껴지기도 한다. 베트남 이외 카네포라종은 인도네시아 워시드 WIB와 내추럴 AP-1, 아프리카 우간다의 로부스타 등이 많이 수입되고 있다.

대규모 농원

카테포라종

호리구치커피연구소의 세미나

지난 20년 가까이 '추출기초' '추출응용' '커핑' '테이스팅회' 등 다양한 커피세미나를 개최해 왔다. 또 '아사히 컬처센터' 강좌 18년, '와세다 오픈칼리지' 강좌 6년, '(주) 일본창예교육 통신교육' 세미나 9년 등을 실시했다. 나아가 서울에서도 2011~2014년까지 매년 6~18회의 추출 및 테이스팅 세미나를 했다. 그러나 대학원 입학을 위해 2016년에 모든 세미나를 중단했다.

약 20년간 세미나에 출석한 분들을 합하면 2만 명에 달한다. 대학원 졸업 후인 현재는 도쿄대 농업대학의 '오픈칼리지'를 담당하고 있으며, 새롭게 호리구치커피연구소에서 세미나를 재개했다.

세미나

(상단 왼쪽)추출 초급, (상단 오른쪽)추출 중급, (하단)추출 중급

추출 초급

풍미의 변동요인을 알자

로스팅 강도 및 생산국이 다른 커피를 시료로 하여 이 책의 기본 추출(페이퍼 드립)을 실습한다. 가루의 양, 추출시간, 추출량을 바꾸면서 향미의 변화를 확인한다. 각 추출액은 pH(산의 강도)와 Brix(농도)를 측정해 자신의 관능과 비교한다.

추출 중급

추출 차트를 작성한다

기본 추출을 정확하게 하는 걸 전제로 한다. 시티로스트 커피를 사용해 가루의 양, 추출시간, 추출량을 바꾸며 추출하여 향미의 변화를 확인한다. 자신에게 맞는 추출 조건을 찾아가며, 독자적인 추출 차트를 작성한다.

(상단)테이스팅 초급, (하단 왼쪽)테이스팅 중급, (하단 오른쪽)한국에서의 테이스팅

기본적인 테이스팅을 익힌다

테이스팅 목적과 테이스팅 방법, 평가항목, 평가 기준에 대해 해설한다.
실습으로서 아래 5종류의 커피를 테이스팅한다.

① 로부스타종, 베트남의 카네포라종. ② 아라비카종, 워시드 커머셜커피. ③ 아라비카종, 워시드 스페셜티커피. ④ 아라비카종, 내추럴 브라질. ⑤ 선도가 열화된 커피.

매월 테마가 바뀐다

테이스팅 평가항목 및 평가 기준을 해설한다. 그리고 몇 종류의 커피를 테이스팅해 실제로 평가한다. 생산국, 품종, 정제 등의 테마 별로 실시한다.

호리구치커피연구소
호리구치 토시히데

2018.9 ASIC 포틀랜드

2016.11 ASIC 원난

강사		
1998년~2015년	아사히 컬처센터	
2008년~2013년	와세다대학 오픈칼리지	
2005년~2013년	일본창예학원 통신교육	
1999년~2016년	호리구치커피 커피 세미나	
2015년~현재	JICA 중소생산자 세미나	
2016년~현재	도쿄대 농업대학 오픈 칼리지	
2019년~현재	호리구치커피연구소 세미나	

강연		
2004년	미국스페셜티커피협회 (SCAA) 컨퍼런스 'Japan's Specialty Market'	
2006년	엘살바도르 스페셜티커피협회 'for a Wider Specialty Coffee Market in Japan'	
2007년	동아프리카 파인커피협회(EAFCA) 컨퍼런스 'Japans Specialty Market and the Fine Coffees From Africa'	

학회 발표		
2016년 9월	ASIC(국제커피과학학회) 'The difference in The Quality of Specialty coffee and commercial coffee' 포스터 발표 (중국)	
2017년 6월	일본식품보존과학회 'SP와 CO의 품질의 차이에 관한 연구' 구두발표 (고치현립대학)	
2018년 6월	일본식품보존과학회 '생두의 품질지표 작성에 관한 연구' 구두발표 (도호쿠대학)	
2018年 8月	일본식품과학공학회 '생두의 품질지표 작성에 관한 연구' 구두발표 (도호쿠대학)	
2018년 9월	ASIC(국제커피과학학회) 'New Physicochemical Quality Indicator for Specialty coffee' 구두 발표 (미국 포틀랜드)	
2018년 11월	식향연구회 '커피에 영향을 주는 이화학성분과 관능평가로 새로운 품질지표를 작성하다' 포스터 발표 (도쿄대 농업대학)	
2019년 6월	일본식품보존과학회 '커피 생두 정제방법의 차이가 풍미에 영향을 준다' 구두발표 (나카무라 학원)	

제출논문 및 학위 논문

논문1: 〈유기산과 지질의 함유량 및 지질의 산가는 스페셜티커피의 품질에 영향을 준다〉 일본식품보존과학회지 제45권 2호

논문2: 〈커피 생두 유통과정에서의 포장, 수송, 보관방법의 차이가 품질변화에 미치는 영향 〉일본식품보존과학회지 제45권 3호

학위논문: 〈스페셜티커피 품질기준을 구축하기 위한 이화학적평가와 관능평가의 상관성에 관한 연구〉

마치며

2002년에 호리구치커피연구소를 설립한 뒤 '커피는 농업과 과학'이라는 측면에서 접근하는 것이 중요하다고 생각해 '커피 재배, 정제, 풍미의 연구'를 목표로 삼았지만, 스페셜티커피의 여명기에 극도로 분주하게 살다 보니 그 목표를 이루지 못했다.

따라서 나이 65세가 되면 은퇴해 커피의 향미를 색다른 각도에서 접근해보고 싶다는 생각을 했고, 그에 따라 5년 동안 사업 계승을 위한 준비를 했다. 2013년 사장직에서 물러난 뒤 자유로운 활동이 가능한 환경을 서서히 만들어 나갔다.

농업 연구는 현지에 체류해야 하는 일이라 포기할 수밖에 없었다. 대신 적성에 맞지 않는 이과 분야를 공부하기로 마음먹었다.

하지만 실험기구와 기기 사용부터 화학약품 취급 등에 이르기까지 전혀 알지 못하는 문외한이었다. 따라서 2015년부터 1년간 도쿄대 농업대학의 식품과학연구실 연구생으로서 준비 기간을 거친 후, 66세이던 2016년 대학원 박사과정에 입학했다.

3년간 박사과정에 다니면 뭐라도 되지 않을까 생각했지만 실제로 실험할 수 있는 시간은 2년 남짓에 불과했다. 실험 정밀도를 높여 결과를 내지 않으면 안 되었다. 내가 실제로 실시한 실험은 고도의 분석기에 의한 것이 아니라 이미 연구자들이 사용하지 않는 아날로그 실험이었다. 그렇지만 대학생이 수업에서 행하는 실험 프로세스 안에 커피 향미를 고찰할 수 있는 힌트가 많이 숨어있었다.

더불어 제출해야 할 논문(학회지에 게재하기 위한 심사로 2보가 졸업 필수조건) 작성법은 실용서와 완전히 달라서, 생각지도 못한 스트레스와 고생을 감내해야만 했다. 즉 학교생활은 즐거움과는 거리가 먼, 인내의 시간이었다.

이과 분야에서 실험결과로 무언가를 도출해내기 위해서는 전문지식 외에 통찰력과 감성이 중요하다는 사실을 통감했다. 이렇게 실험, 통계처리, 논문을 위해 고군분투한 끝에 69세가 되던 2019년에 졸업을 했다.

이 책이 커피 품질에 대해 과학적인 측면에서 접근하는 힌트가 되기를 바란다.

마지막으로 대학원에 입학할 때부터 커피 연구의 선배로서 많은 조언을 해주고, 입학 후에도 ASIC(국제커피과학회)에 동행해준 이시와키 토모히로 씨에게 깊이 감사드린다. 대학원 시절 '커피 연구'를 흔쾌히 받아주신 것에 대해 지도교수인 국제식농과학과 후루자 미노루 선생께 깊은 감사의 마음을 전한다. 동시에 대학원 환경공생학과 여러 선생님의 지도와 격려에도 감사를 전한다.

마지막으로 회사 실무를 하지 않는 나를 따뜻하게 지켜봐 준 ㈜ 호리구치 커피 스태프들에게도 깊은 감사를 전한다.

호리구치커피연구소 호리구치 토시히데

옮긴이 **윤선해**

커피 세계를 기웃거린 지 30년, 일본생활 15년 동안 대학원과 국제교류연구소에서 경영학과 국제관계학을 전공하고, 에너지업계에 잠시 머물렀다.

하지만 대학 전공보다 커피교실을 열심히 찾아다니며 커피의 매력에 푹 빠져 지냈기 때문에, 일본에서 커피를 전공했다고 생각하는 지인들이 많을 정도다. 커피 한 잔이 주는 감동을 더 많은 이들과 공감하길 바라며, 언제나 더 '좋은 커피'와 '멋진 커피인'을 만나기를 열망한다. 한 잔의 커피가 세상을 아름답게 할 수 있다고 믿기에….

옮긴 책으로 《향의 과학》《커피집》《커피 과학》《커피교과서》《카페를 100년간 이어가기 위해》《스페셜티커피 테이스팅》이 있다.

후지로얄코리아 대표 및 로스팅 커피하우스 'Y'RO coffee' 대표를 맡고 있다.

커피 스터디

첫판 1쇄 펴낸날 2021년 7월 10일
첫판 3쇄 펴낸날 2022년 10월 15일

지은이 | 호리구치 토시히데
옮긴이 | 윤선해
펴낸이 | 지평님
본문 조판 | 성인기획 (010)2569-9616
종이 공급 | 화인페이퍼 (02)338-2074
인쇄 | 중앙P&L (031)904-3600
제본 | 서정바인텍 (031)942-6006

펴낸곳 | 황소자리 출판사
출판등록 | 2003년 7월 4일 제2003-123호
주소 | 서울시 종로구 송월길 155 경희궁자이 오피스텔 4425호
대표전화 | (02)720-7542 팩시밀리 | (02)723-5467
E-mail | candide1968@hanmail.net

ⓒ 황소자리, 2021

ISBN 979-11-91290-03-5 03590